Junges Pferd – was nun?

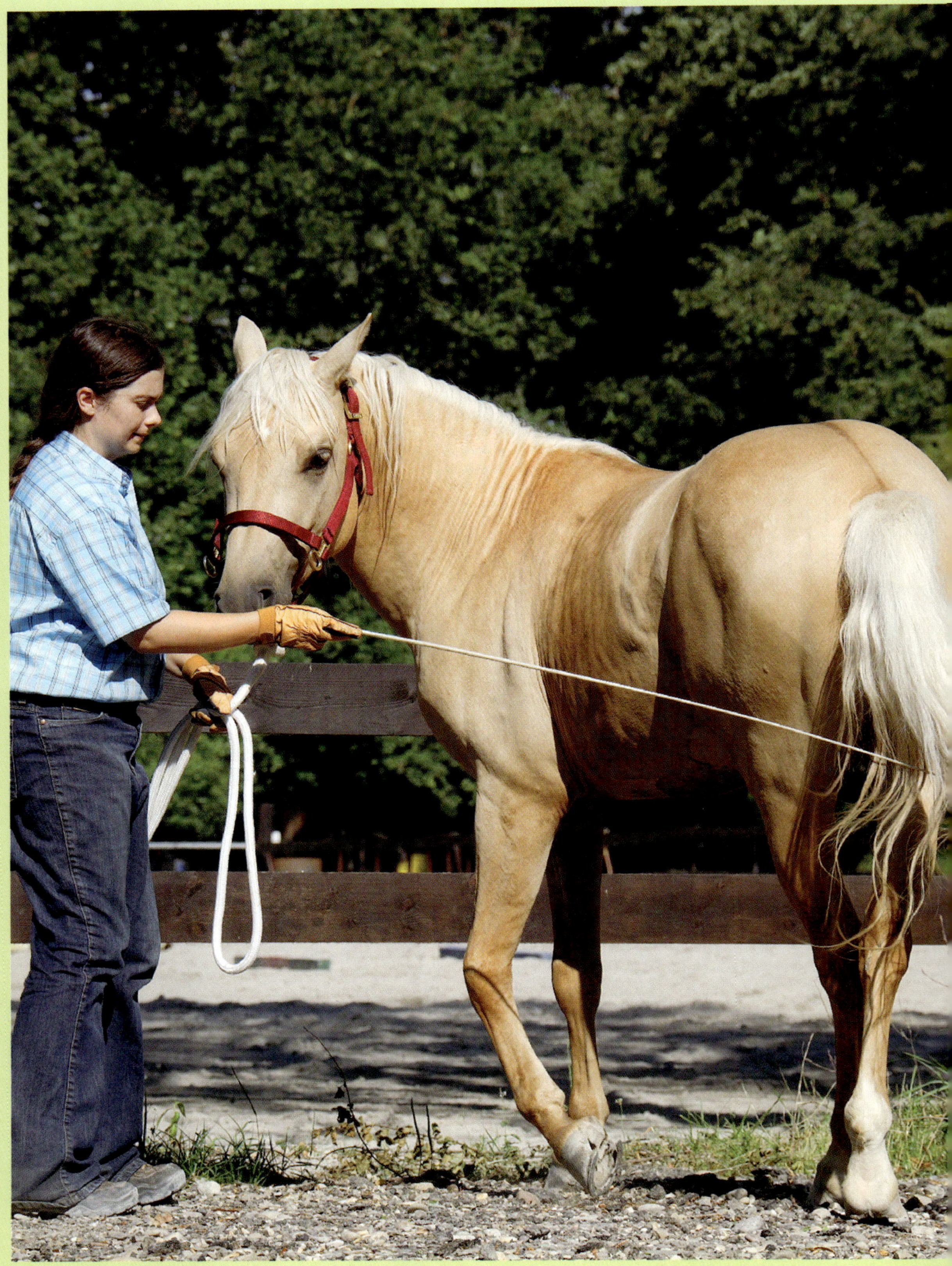

Junges Pferd – was nun?

Kreative Erziehung mit Spaß und Verstand

von Karin Tillisch

CADMOS

Haftungsausschluss

Die Autorin, der Verlag und alle anderen an diesem Buch direkt oder indirekt beteiligten Personen lehnen für Unfälle oder Schäden jeder Art, die aus den in diesem Buch dargestellten Übungen entstehen können, jegliche Haftung ab.

In diesem Buch sind einige Reiter abgebildet, die ohne splittersicheren Kopfschutz reiten. Dies ist nicht zur Nachahmung zu empfehlen! Achten Sie besonders beim Training mit jungen Pferden immer auf die entsprechende Sicherheitsausrüstung für sich selbst: feste Schuhe und Handschuhe bei der Bodenarbeit sowie Reithelm, Reitstiefel/-schuhe, Reithandschuhe und gegebenenfalls eine Sicherheitsweste beim Reiten.

Gestaltung und Satz: Ravenstein + Partner, Verden
Fotos: Christiane Slawik
Lektorat: Anneke Bosse
Druck: Westermann Druck, Zwickau

Printed in Germany

ISBN 978-3-86127-444-5

Inhalt

Traumpferde – selbst gemacht! 9

Wagnis Jungpferd 13

Der Traum 14
Der Kostenfaktor 15
Die Checkliste – was will ich überhaupt? 18
Auf der Suche 21
Was sind Papiere wirklich wert? 24

Der Neue kommt! 27

Ein Zuhause zum Wohlfühlen 28
Das Kumpelpferd 29
Ankunft im neuen Stall 32
Eingliederung in die Herde 34
Wenn die Hormone schießen 37
Wann fangen wir an? 38
Schaffe ich das alleine? 40

Der Kindergarten beginnt 43

Round Pen mit Kumpelpferd 44
Round Pen alleine 46
Führen 47
Stillstehen 48
Anbinden 50
Putzen 52
Hufe geben 52

Die Vorschule 55

Longieren im Round Pen 56

Longieren auf dem Reitplatz 57

Weiterführendes Longieren 59

Spaziergang mit Kumpelpferd 60

Spaziergang alleine 62

Tanz an der Hand 65

Mit der Hinterhand weichen 66

Mit der Vorhand weichen 68

Seitlich weichen: der Side Pass 68

Rückwärtsrichten 70

Stangenmikado 73

Schrittchen-Spiel 74

Stangen-L 75

Stangenfächer 76

Pylonenslalom 76

Über eine Plane gehen 77

Engpass 78

Stangen-Z 79

Geländetraining an der Hand 81

Kletterübungen am Hang 82

Treppensteigen 84

Über eine Brücke gehen 84

All die neuen Sachen 87

Das erste Pad 88

Der erste Sattel 89

Das erste Gebiss 90

Round Pen mit Ausrüstung 92

Longieren mit Ausrüstung 94

Verladen spielen 97

Übung macht den Meister 98
Arbeit mit der Plane 98
Arbeit mit dem Schwungtuch 99
Über die Brücke schicken 100
Übungen am Podest 101
Das erste Mal im Anhänger 103

Handpferdereiten 107

Die erste Runde auf dem Platz 109
Spaziergang zu viert 110
Das erste Mal „richtig" als Handpferd 110

Vorbereitung auf das Anreiten 113

Wieso man jetzt einen guten Trainer braucht 114
Gute Trainer = Mangelware? 114
Auf der Suche nach dem Trainer 116
Die Sache mit den Trainerlizenzen 118
Die Checkliste: Was will ich und was darf es kosten? 119
Trainingsvertrag: Das muss rein! 120
Jetzt geht's los! 122

Anhang 124

Tipps zum Weiterlesen 124
Weitere Bücher der Autorin 124
Kontakt zur Autorin 125
Vielen Dank 127

Traumpferde – selbst gemacht!

Shadow ist mein erstes eigenes Pferd und nach wie vor mein absolutes Traumpferd. Aber wir beide haben einen langen und steinigen Weg hinter uns bringen müssen, ehe Shadow zu dem Showstar wurde, den man heute bei den Auftritten unseres „Shadow Show Teams" bewundern kann.

Schöne Zeiten vergehen oft wie im Fluge. Es scheint gerade gestern gewesen zu sein, als ich an einem verregneten Morgen meinen ersten „Prinz auf vier Hufen" kennenlernte. Damals als Vierjähriger sah er eher wie ein gerupftes Huhn aus als wie ein Traumpferd. Und es war auch nicht gestern, sondern vor einigen Jahren.

Mein erstes Traumpferd, das man viele Jahre lang als solches noch nicht erkennen sollte, hieß Shadow. Und hatte von Menschen die Nase gehörig voll! In jungen Jahren durch zahllose inkompetente Hände gegangen, hatte der Wallach einen regelrechten Hass auf Menschen entwickelt – und vor allem auch sehr effektive Methoden, die lästigen Zweibeiner loszuwerden. Es waren die denkbar schlechtesten Voraussetzungen für eine vertrauensvolle Partnerschaft zwischen uns. Denn zu allem Übel hatte ich auch noch Angst vor Pferden.

Es dauerte mehr als fünf Jahre, ehe Shadow dann nach vielen Tausend Stunden des Trainierens und Zusammenseins endlich zu dem Traumpferd wurde, das ich an jenem kalten Januarmorgen im Jahr 2000 in ihm gesehen hatte. Heute ist Shadow ein sehr erfolgreiches und gefragtes Showpferd, das großen Spaß an seinen Auftritten und dem Zusammensein mit Menschen hat.

Doch auch heute noch kommen wir – trotz allen Könnens, jahrelanger Routine und tiefen Vertrauens – immer mal wieder in Situationen,

die Shadow an seine wahrlich unschöne Jugend erinnern. Dann kann es sein, dass aus dem strahlenden Showpferd binnen Sekunden wieder ein völlig durcheinander geratenes Häufchen Elend wird, das manchmal dann sogar versucht, sich hinter mir zu verstecken!

In solchen Momenten zerreißt es mir schier das Herz. Was wurde meinem vierbeinigen Partner in seiner Jugend nur Schlimmes angetan, dass er selbst heute, als erwachsenes Pferd und auch nach den vielen Jahren bei mir immer noch regelrechte Flashbacks hat, die ihn sichtlich herunterziehen?

Leider kann ich Shadow seine Erinnerungen an seine Jugend nicht nehmen – ich kann nur dafür sorgen, dass er neue, schöne Erinnerungen dazu bekommt, die vielleicht die schlechten ein wenig überlagern. Doch was man mit ihm in jungen Jahren getan – oder auch *nicht* getan – hat, das wird ihn auf die eine oder andere Weise bis ans Ende seines Lebens verfolgen.

Da ich mit Shadow bis heute immer wieder erlebe, wie sich eine unschöne Jugend auf ein Pferd auswirken kann, reifte in mir der Entschluss heran, dass mein nächstes Pferd auf jeden Fall ein junges sein sollte. Wie schnell ich allerdings zu vierbeinigem Nachwuchs kommen sollte, erstaunte mich dann selbst: Ein guter Bekannter, der einst Shadow vor dem Schlachter rettete und ihn dann mir anvertraute, besuchte uns auf einer unserer größeren Shows. Nach Shadows Auftritt rückte er dann mit der Sprache heraus: Er hätte da wieder ein besonderes Pferd für uns. Einen zwei Jahre alten Quarter-Pony-Hengst aus seiner eigenen Zucht. Starlight war eigentlich als Einstiegs-Turnierpony für seinen Sohn gedacht gewesen, doch der hatte seinem Papa just verkündet, dass er doch lieber Fußball spielen wolle und mit Pferden nichts am Hut habe.

So stand Dieter Hämmerle mit einem jungen Hengst da, der für ihn selbst viel zu klein zum Reiten war – und viel zu schade für den Kinderunterricht. Mein Lebensgefährte Ingo und ich beschlossen, uns das „Männele" zumindest einmal anzusehen. Natürlich blieb es mal wieder nicht beim „nur Gucken". Keiner weiß heute mehr genau weshalb, doch es hat sowohl bei mir als auch bei Ingo einfach „Klick" gemacht, als wir den kleinen Dreikäsehoch das erste Mal sahen – wie er voller Elan auf einem völlig verdutzten Shire-Horse-Hengst herumturnte und diesen nach Strich und Faden veralberte!

Wofür sich der kleine Hengst eines Tages eignen würde, stand völlig in den Sternen. Sein Vater war ein erfolgreiches Reiningpferd gewesen, die Mutter ein sehr schickes und zuverlässiges Reitpony. Ob aus ihm aber auch eines Tages ein erfolgreiches Showpferd werden würde? Wir überlegten nicht lange, sondern kauften den kleinen Hengst einfach vom Fleck weg. Eine reine Bauchentscheidung.

Mittlerweile gehört Blues Starlight schon seit einigen Jahren zu uns – und trotz der hohen Kosten seiner Ausbildung und der vielen Nerven, die das selbstbewusste Pony uns bisher gekostet hat, haben wir den Kauf keine Sekunde lang bereut. Denn auch Starlight entwickelt sich schon jetzt zu jenem Traumpferd hin, das ich vom ersten Tag an in ihm gesehen habe.

Wagnis Jungpferd

Ich denke, viele Reiter haben mit ihrem ersten Pferd ähnliche Erfahrungen gemacht wie ich mit Shadow. Und obwohl sicherlich keiner von uns diese wichtigen Erfahrungen missen möchte, stellt sich irgendwann die Frage: Hätte alles besser sein können, wenn man dieses Pferd schon von Kindesbeinen an gehabt hätte?

Die Kindheit eines Pferdes dauert auf jeden Fall bis zu seinem siebten Lebensjahr. „Spätentwicklerrassen", wie beispielsweise Islandpferde, Iberer und Kaltblüter, kann man erst mit zehn Jahren als erwachsen ansehen. Das körperliche Wachstum mag bei manchen Rassen zwar schon mit vier Jahren abgeschlossen sein, aber das geistige Heranreifen dauert mindestens bis zum achten Lebensjahr, meist sogar länger. Die prägendsten Jahre für das körperliche und geistige Wohl eines jungen Pferdes sind meiner Ansicht nach die Zeit vom Saugfohlenalter bis zur Remonte (vier Jahre). Was in diesen Jahren zu viel oder zu wenig gemacht wird, wirkt sich in fataler Weise auf den Rest des Pferdelebens aus.

Der Traum

Ein Fohlen kaufen, es aufwachsen sehen, selbst erziehen, anreiten und trainieren, und dann am Ende mit ihm gemeinsam Turniere gewinnen oder auf Shows brillieren – davon träumt sicherlich insgeheim jeder Pferdefreund. Und es ist ein Traum, den man sich ja durchaus erfüllen kann. Ich habe bei meinen beiden Pferden zwei völlig unterschiedliche Wege kennengelernt. Mit Shadow den Weg vom völlig verdorbenen Pferd zum zuverlässigen Freizeit- und Showpartner. Und mit Starlight den Weg vom Dreikäsehoch von der Weide zum eifrigen Freizeit- und erfolgreichen Turnierpferd!

Beide Wege waren auf ihre Weise schön und bereicherten mein Leben. Man könnte zwar meinen, dass der Weg mit Shadow der schwierigere war, aber das würde ich selbst nicht sagen! Denn Starlight war nicht gerade ein „bedienungsfreundliches" Jungpferd, das jeder Freizeitreiter hätte selbst ausbilden können. Und auch ich habe mir beispielsweise für das Anreiten fachkompetente Hilfe gesucht, denn keiner von uns ist perfekt! Für meine beiden Pferde gab es immer nur einen Maßstab – das Beste war gerade gut genug für sie. Und dabei rede ich nicht von Markenschabracken und überteuerten Leckerli. Aber an Futter, Tierarzt, Zahnarzt, Schmied, Stall und Ausbildung wird bei uns niemals gespart.

Doch auch wenn man einem jungen Pferd das Beste bieten kann und selbst ausreichende Kenntnis in Sachen Pferdeausbildung hat, ist nicht gewährleistet, dass aus dem Youngster eines Tages ein Überflieger wird. Man sieht es doch jedes Jahr wieder bei den Jährlingsauktionen. Seien es nun Warmblüter, Quarter Horses oder Rennpferde: Für oft astronomische Summen werden diese kleinen Hoffnungsträger verkauft. Sie kommen dann zu Profitrainern, die wissen (sollten), was sie tun, sie bekommen das beste Futter, den besten Stall, den besten Sattel …

Aber wenn man dann einige Jahre später auf die Starterlisten großer Turniere schaut, so sind nicht immer diese „Superteuren" überhaupt noch mit dabei! Manch eines dieser Pferde schaffte einfach das Training nicht, oder es hatte einen Unfall mit bleibenden Folgen. Oder es stellte sich heraus, dass es nicht ganz gesund ist und daher für den Sport nie einsetzbar. So passiert es immer wieder, dass junge Pferde, die als Jährling für einen sechsstelligen Betrag den Besitzer wechselten, auf einer „Versagerauktion" oder einem Pferdemarkt einige Jahre später für wenige Hundert

Starlight mit seiner „Junior-Grund-Ausstattung“ im Wert von etwa 1500 Euro. Aber auch das ist nicht einmal ein Zehntel der Summe, die uns der kleine Mann in den ersten beiden Jahren gekostet hat!

Euro verkauft werden. Es sind deshalb nicht unbedingt schlechte Pferde. Aber den Erwartungen, die man in sie gesetzt hatte, konnten sie einfach nicht genügen.

Nach wie vor ist es immer noch so, dass unter 100 guten Jährlingen aus guten Zuchtställen vielleicht zehn dabei sind, die das Zeug zum Überflieger haben. Und von diesen zehn schaffen es am Ende dann vielleicht nur zwei bis drei tatsächlich in die Top 100 der Turnierwelt. Die Besitzer dieser zwei bis drei Pferde freuen sich natürlich, da sich Zeit, Mühe und auch Geld (und in fünf Jahren kommt ein hübsches Sümmchen zusammen) nun doch gelohnt haben.

Die anderen 98 Pferdebesitzer aus dieser Rechnung sollte man allerdings lieber nicht fragen, ob sich bei ihnen das „Projekt Jungpferd“ in irgendeiner Form gerechnet hat!

Der Kostenfaktor

„Wir kaufen ein Fohlen, das ist billiger!“ Diesem Irrglauben unterliegen leider immer mehr Pferdefreunde. Unseriöse Züchter, die einfach nur auf Biegen und Brechen verkaufen wollen, tun natürlich noch ihr übriges dazu, indem sie mit Fohlen werben, die sich „praktisch selbst erziehen“. Auch mancher Rasseverband führt mit Slogans wie „leicht zu trainieren“ und „von Natur aus sehr freundlich“ potenzielle Käufer in die Irre. Ein Jungpferd selbst auszubilden ist eine sehr kostspielige Angelegenheit – wenn man es richtig macht und am Ende ein Pferd haben will, an dem man lange Freude hat.

Der Anschaffungspreis eines Absetzers liegt meist etwa bei der Hälfte der Kosten eines erwachsenen Pferdes der gleichen Rasse und Abstammung. Der Preis eines Absetzers jedoch, dem es im Fohlenalter an nichts mangelte, wird dennoch bei 6000 Euro oder darüber liegen. Unten auf dieser Seite eine kleine Beispielrechnung, wie ein deutscher Züchter den absoluten Mindestpreis für seine Absetzer festlegen muss.

Wenn der Züchter nun noch die Steuer dazurechnet und sogar noch „ganz frech" etwa zehn Prozent Gewinn aufschlägt, beläuft sich der Endpreis für seinen Absetzer auf circa 7000 Euro!

Wen das nicht abschreckt, der wird jedoch für diesen Preis mit etwas Glück ein junges, gesundes und vielversprechendes Pferd finden. Nach dem Kauf gehen die Kosten allerdings weiter. Wer einen neun Monate alten Absetzer kauft, kann ihn zunächst bis zum Ende des zweiten Lebensjahres auf eine Aufzuchtweide geben – dort wächst das junge Pferd nicht nur besonders artgerecht heran, sondern auch die Kosten lassen sich relativ niedrig halten.

Wird eine solche Aufzuchtstation seriös betrieben und mangelt es den jungen Pferden dort an nichts, sollte man dennoch mit mindestens 150 Euro pro Monat rechnen. Hinzu kommen auch noch Haftpflichtversicherung, Hufpflege, Impfungen, Wurmkuren und sonstige Tierarztkosten, für die man insgesamt eine Pauschale von 800 Euro einrechnen sollte (fünfmal Hufpflege zu 50 Euro, zweimal impfen zu 50 Euro, viermal Wurmkur zu 25 Euro, Haftpflichtversicherung 100 Euro, Tierarzt 250 Euro).

Am Ende der Aufzuchtzeit sind dann insgesamt 2250 Euro für die Aufzuchtweide und 750 Euro für notwendige Nebenkosten weg. Zusammen mit dem Anschaffungspreis von etwa 7000 Euro stehen Sie nun mit einem Zweijährigen da, der Sie bereits 10.000 Euro gekostet hat!

Jetzt beginnt aber erst die eigentliche Ausbildung Ihres Pferdes: Sie müssen es nun in einem Pensionsstall einmieten, der die erforderlichen Trainingsmöglichkeiten (Round Pen, Reitplatz, Ausreitgelände) sowie eine artgerechte Haltung bietet. Hier sollte man pro Monat inklusive Futter und Ausmisten mit durchschnittlich 250 Euro rechnen. Die Erziehung Ihres Jungpferdes am Boden werden Sie

Tabelle 1

Decksprung des Hengstes inkl. Unterbringungskosten der Stute:	300 Euro
Kosten für Futter und Stall während der Trächtigkeit (250 Euro pro Monat):	2750 Euro
Zusatzfutter während der Trächtigkeit:	150 Euro
Haftpflichtversicherung für die Stute:	150 Euro
Erstuntersuchung des Fohlens durch den Tierarzt:	100 Euro
Ausstellen der Papiere durch den Zuchtverband:	50 Euro
Impfungen:	200 Euro
Kosten für Futter und Stall für Stute und Fohlen bis zum Absetzen:	2000 Euro
= Kosten für ein neun Monate altes Fohlen:	**5800 Euro**

sicherlich größtenteils selbst vornehmen wollen, sodass zumindest im ersten halben Jahr hier keine Trainingskosten auf Sie zukommen. Vielleicht werden Sie aber bei voranschreitender Ausbildung Ihres Youngsters doch in einigen Bereichen fachliche Unterstützung suchen. Ihr Youngster wird Sie dann bis zu seinem dritten Geburtstag nochmals um die aus Tabelle 2 ersichtliche Summe auf Ihrem Konto erleichtern.

An seinem dritten Geburtstag hat Ihr Pferd Sie nun also bereits mehr als 14000 Euro gekostet. Im Alter von drei Jahren sollte es dann auch angeritten werden, wofür Sie es zwischen vier und sechs Monate ins Training bei einem Profi geben sollten (siehe Tabelle 3). Danach wollen Sie ja auch beginnen, Ihr Pferd selbst zu reiten. Im Schnitt sollten Sie sich und Ihrem Pferd dann pro Monat gut

Tabelle 2

12 x 250 Euro Stallmiete:	3000 Euro
4 x Wurmkur:	100 Euro
2 x Impfung:	100 Euro
5 x Hufpflege:	250 Euro
Erstanschaffung Ausrüstung (Halfter, Führstricke, Putzzeug, Decke, usw.):	200 Euro
20 Stunden beim Profi zu 20 Euro pro Stunde:	400 Euro
Haftpflichtversicherung:	100 Euro
Notgroschen Tierarzt:	250 Euro
= Kosten für das erste Ausbildungsjahr:	**4400 Euro**

Tabelle 3

4 Monate Beritt inklusive Unterkunft (600 Euro):	2400 Euro
4 x Wurmkur:	100 Euro
2 x Impfung:	100 Euro
5 x Hufpflege:	250 Euro
Erstanschaffung Sattel und Trense (gebraucht):	500 Euro
8 x 250 Euro Stallmiete:	2000 Euro
30 Stunden beim Profi zu 20 Euro pro Stunde:	600 Euro
Haftpflichtversicherung:	100 Euro
Notgroschen Tierarzt:	250 Euro
Erstanschaffung Sattel & Co:	1000 Euro
= Kosten für das zweite Ausbildungsjahr:	**7300 Euro**

fünf Unterrichtsstunden beim Trainer gönnen, um das Pferd weiter fördern zu können.

Wenn Ihr Pferd dann vier Jahre alt ist, haben Sie mit etwas Glück schon einen zuverlässigen, vielseitig ausgebildeten Freizeitpartner – der Sie bis zu diesem Zeitpunkt aber dann auch beinahe 22.000 Euro gekostet hat! Diese Rechnung soll nun aber niemanden abschrecken, sich ein junges Pferd zu kaufen. Denn auch wenn Sie sich einen guten, seriös ausgebildeten und gesunden Vierjährigen kaufen wollen, werden Sie zumindest bei den Rassepferden und im Sektor der angehenden Turnierpferde ebenfalls unter 15.000 Euro kein wirklich solides Nachwuchspferd finden!

Ich habe für die oben aufgeführten Kalkulationen immer Durchschnittswerte genommen. Es kann auch etwas günstiger gehen, aber meist wird es am Ende sogar noch teurer. Bei Starlight hatten wir an seinem vierten Geburtstag weitaus mehr als 20.000 Euro investiert. Aber wir haben keinen Cent davon jemals bereut!

Der Vorteil, auf diese Weise sich selbst ein Top-Pferd heranzuziehen, liegt zum einen natürlich darin, dass man das junge Pferd ganz nach den eigenen Wünschen erziehen (lassen) kann. Und die Endsumme von fast 20.000 Euro mag zwar erschreckend sein – aber Sie müssen diese Monstersumme ja nicht auf einen Schlag bezahlen, sondern über vier Jahre verteilt!

Wer jedoch schon Probleme hätte, auch nur die Hälfte der hier genannten Summen auf Dauer aufzubringen, dem würde ich vom „Projekt Jungpferd" eher abraten. Es wäre mehr als frustrierend, wenn man aus rein finanziellen Gründen einem talentierten, netten jungen Pferd alle Möglichkeiten im Leben verbauen müsste. Dann hat man am Ende wieder genau das, was man eigentlich vermeiden wollte: ein nicht optimal aufgezogenes, kränkelndes, schlecht ausgebildetes Pferd, das herzlich wenig Chancen im Leben hat!

Die Checkliste – was will ich überhaupt?

Bevor Sie sich auf die Suche nach einem Jungpferd machen, sollten Sie sich natürlich zunächst einmal überlegen: Was will ich überhaupt?

Schon das Geschlecht eines jungen Pferdes bringt große Unterschiede für dessen spätere Nutzung. Wollen Sie eine Stute? Vielleicht auch mit dem Hintergedanken, aus dieser Stute dann eines Tages ein Fohlen zu ziehen? Dies sind auf jeden Fall Überlegungen, die man vor dem Kauf einer Stute anstellen sollte! Denn wer mit dem Gedanken der Hobbyzucht liebäugelt, der sollte sich stets darüber im Klaren sein, dass die Gene eines Fohlens nun mal zur Hälfte von der Stute kommen. Kein Wunder also, dass auch gute Jungstuten ihren Preis haben! Auch ein deutscher Züchter wird für eine gute Jungstute, die das Potenzial zu einer guten Zuchtstute hat, einen entsprechenden Preis verlangen.

Wenn Sie sich gegen eine Stute entscheiden, bleibt immer noch das alte Dilemma beim Jungpferdekauf: Hengst oder Wallach? Wer einen Absetzer kauft, der kann diese Entscheidung noch ein wenig hinauszögern, da man einen jungen Hengst auch noch mit zwei

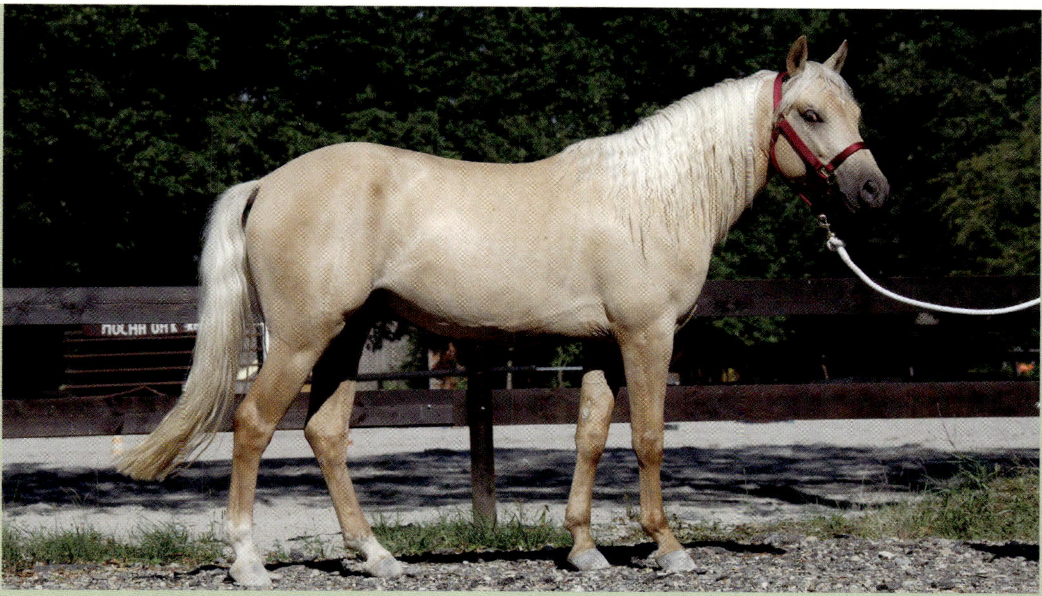

Auch wenn ein junges Pferd alle körperlichen Voraussetzungen mitbringt und kerngesund ist …
… – es bleibt zunächst ungewiss, ob am Ende das Traumpferd daraus wird, das man sich erhofft hat.

Jahren kastrieren kann. Wenn der Youngster allerdings schon vorher entdeckte, dass Stuten nicht einfach nur doof sind, hat man trotzdem zeitlebens ein hengstiges Pferd! Wer sich dennoch für einen Junghengst entscheidet, sollte sich genau überlegen, was er mit dem kleinen Macho dann einmal machen will, wenn aus ihm ein großer Macho geworden ist. Turniere reiten? Viele große Sportpferde sind Wallache, da diese einfach nicht den immensen „Störfaktoren" unterliegen wie ein Hengst, der auch noch einer Stute in zehn Kilometern Entfernung nachwiehert, wenn er im Parcours ist.

Andererseits hat ein Reithengst eine ganz andere Ausstrahlung als ein Wallach – so zumindest die landläufige Meinung. Gerade im neu auflebenden Barockreiten, aber auch im Westernsport, findet man sehr viele Reithengste. So schön es auch ist, einen Hengst zu besitzen und zu reiten – man sollte die Bedürfnisse des Pferdes stets vor das eigene Ego stellen. Könnten Sie einem Junghengst überhaupt eine artgerechte Haltung bieten? Kann er in einem Stall aufwachsen und später dort bleiben, der sich mit Hengsthaltung auskennt? Kommt er täglich mit anderen Hengsten oder Wallachen auf die Weide? Oder darf er zumindest regelmäßig alleine auf die Weide? Darf er seinem Geschlechtstrieb auch dann und wann nachkommen und eine Stute decken? Und wenn er als Deckhengst eingesetzt werden soll: Hat er ein entsprechend gutes Exterieur und eine Abstammung, die seinen Nachkommen eine gute Chance im Leben geben würden?

Ich habe sowohl einen Wallach als auch einen Hengst. Beide bereichern mein Leben auf völlig unterschiedliche Weise. Aber ich hätte mich nie zum Kauf eines Junghengstes entschieden, wenn nicht von Anfang an die Rahmenbedingungen gestimmt hätten:

- Eine artgerechte Haltung auf einem fachkundigen Hof war gewährleistet.
- Ich fand eine Trainerin, die auch in der Ausbildung von Hengsten sehr bewandert ist.
- Ich habe selbst 20 Jahre Reiterfahrung, darunter auch immer mal wieder durch Kurse und Pflegepferde Erfahrung mit Hengsten.
- Die Abstammung des Hengstes macht ihn züchterisch interessant, er hat auch Deckstuten und kann seinem Geschlechtstrieb nachkommen.

Ein wohlerzogener, freundlicher Hengst ist natürlich ein wahrer Genuss unter dem Sattel, aber Haltung, Erziehung und Umgang mit ihm werden immer etwas aufwändiger sein als mit einer Stute oder einem Wallach.

Wer sportlich erfolgreich mit seinem Pferd sein will – ob nun mit Stute, Hengst oder Wallach –, wird bei einem vielversprechenden Jungpferd ebenfalls tiefer in die Tasche greifen müssen. Ob dann aus dem Neuerwerb auch der Schleifensammler wird, den man sich erhofft, steht aber meist trotzdem in den Sternen. Doch natürlich sind die Chancen größer, ein gesundes, korrekt gebautes und nervlich belastbares Jungpferd an die Spitze des Turniersports zu bringen, als wenn man dies mit einem „aussortierten" Schlachtfohlen versucht.

Um solch ein Nachwuchssportpferd aber auch entsprechend seiner Anlagen fördern zu können, bedarf es weitaus größerer Finanzkraft als für die Aufzucht eines lieben, freundlichen Freizeitpferdes! Auch das eigene reiterliche Vermögen muss bei einem Sportpferd natürlich entsprechend gut sein. Hier sollte man als Allererstes ehrlich sich selbst gegenüber sein: Haben Sie das Potenzial, ein talentiertes Jungpferd wirklich entsprechend zu fördern, sodass es seine Veranlagung auch wirklich entfalten kann? Kommen Sie mit dem oft höheren Temperament eines Sportpferdes und mit den Eigenarten dieser Cracks auf vier Hufen auch klar? Jungpferde, die aus reinen Leistungszuchten kommen, wurden seit Generationen auf einen speziellen Zweck hin selektiert. Bemerkt man dann im Laufe der Ausbildung, dass man selbst nicht die nötigen Fähigkeiten hat, dieses junge Leistungspferd entsprechend auszubilden, kann man natürlich immer noch versuchen, es zu einem zuverlässigen Freizeitpferd umzutrainieren. Das kann man gerade im Rennpferdesport immer wieder sehen – Dreijährige werden aus dem Sport genommen, weil sie nicht die Leistung erbringen, die man sich erhoffte. Trainer, die sich auf das Umtrainieren von Ex-Galoppern spezialisiert haben, können diese Pferde dann für die Bedürfnisse eines Freizeitreiters umtrainieren und weiterverkaufen. Viele dieser ehemaligen Galopper kommen so mit vier Jahren in liebevolle Hände und führen ein langes, glückliches Leben bei einem Freizeitreiter – sofern dieser ein entsprechend feines „Händchen" für einen sensiblen Vollblüter hat!

Sie haben sich nun also zwischen Stute, Wallach und Hengst und zwischen Turnierpferd, Zuchtpferd oder nettem Freizeitkumpel entschieden. Dann sollten Sie sich jetzt auch ein paar Gedanken über die Optik des neuen Familienmitgliedes machen. Damit meine ich nicht, dass Sie sich für eine spezielle Farbe entscheiden sollen oder dafür, dass das Pferd bereits eine meterlange Mähne hat – viel eher sollten Sie sich in Rassebüchern auf die Suche nach einem Pferd machen, das von Statur und Größe her zu Ihnen passt! Ich wäre mit meinen 155 Zentimetern „Lebensgröße" auf einem Shire Horse doch etwas verloren, während mein Mann mit seinen 185 Zentimetern schon etwas Größeres brauchen würde.

Auch das eigene Gewicht sollte man bei der Suche nach dem passenden Traumpferd einbeziehen – hier ist ein ehrlicher Blick auf die Waage unerlässlich! Denn wer über 80 Kilogramm wiegt, wird doch eher in Richtung Gewichtsträger schauen müssen – auch wenn ihm der Asil-Araber-Absetzer von nebenan noch so gut gefällt!

Auf der Suche

Wo findet man gute Jungpferde? Der logischste Gang ist erst einmal der zum Züchter. Bei einem Züchter hat man allerdings einen kleinen Nachteil: Meist hat er nur Pferde einer Rasse im Angebot. Daher sollte man sich entsprechend Zeit nehmen und mehrere Züchter besuchen, wenn man sich noch nicht für eine bestimmte Rasse entschieden hat. Auch wenn die Rasse dann feststeht, kann es durchaus von Vorteil sein, sich zunächst auf Zuchtschauen und Turnieren umzusehen, um einen besseren Blick für diese Rasse zu bekommen: Was können diese Pferde, wie sind sie im Umgang, wie sieht das Gangwerk aus, wofür eignen sie sich besonders?

Der Kauf beim Züchter hat viele Vorteile. Sie können sich die Mutter Ihres Juniors ansehen und vor allem auch, wie er aufgewachsen ist.

Der Kauf beim Züchter hat aber auch viele Vorteile: Hier ist das Fohlen groß geworden, der Züchter kennt seine komplette Lebensgeschichte bis zum heutigen Tag und kann oft auch noch vieles über die Besonderheiten der Eltern berichten. Die Stute können Sie ja in den meisten Fällen in Augenschein nehmen, was ich jedem auch raten würde. Denn Fohlen wachsen nun mal bei der Mutter auf und übernehmen sehr viel von ihrem Charakter.

Vielleicht haben Sie auch das Glück, den Vater des Jungpferdes live erleben zu können. Somit können Sie sich schon mal ein grobes Bild machen, wie Ihr Junior vielleicht eines Tages als Senior aussehen wird!

Eine weitere Möglichkeit, die sich jedoch nur für Profis eignet, sind Jungpferdeauktionen. Sie werden von verschiedenen Zuchtverbänden veranstaltet, aber dann und wann finden auch rasseoffene Versteigerungen statt. Letztere bieten den Vorteil, Jungpferde verschiedener Rassen geballt auf einem Fleck sehen zu können. Der Nachteil ist jedoch, dass man Fachmann genug sein muss, um sich in den wenigen Minuten, die das junge Pferd vorgeführt wird oder man es selbst an der Hand hat, ein genaues Urteil über sein Wesen und Potenzial bilden zu können.

Auf namhaften Auktionen gehen alle Pferde vor der Versteigerung durch einen Gesundheitscheck. Doch auch hier kann es passieren, dass die eine oder andere „taube Nuss" durchkommt, zu einem völlig überteuerten Preis versteigert wird und der Besitzer ein halbes Jahr später merkt, dass er ein „plattes" Pferd ersteigert hat. Natürlich haftet jeder Verkäufer bis zu zwei Jahre für erhebliche Mängel des Pferdes, aber entsprechende Gerichtsprozesse können sich über Jahre hinziehen und der Ausgang ist oft sehr ungewiss.

Auch beim Händler kann man natürlich junge Pferde kaufen. Es gibt viele seriöse Händler in Deutschland, aber die Zahl der „Rosstäuscher" ist ebenso hoch. Beim Händler hat man zwar wiederum den Vorteil, Pferde verschiedenster Rassen an einem Ort zu haben. Der Händler haftet für gewisse Mängel genauso wie der Züchter. Über die Vorgeschichte des Jungpferdes wird ein Händler Ihnen allerdings nur in den seltensten Fällen etwas erzählen können.

Wie man das geeignete Jungpferd findet, kann ich Ihnen leider auch nicht sagen. Natürlich ist es sinnvoll, einen Experten der entsprechenden Rasse oder idealerweise den zukünftigen Trainer des Jungpferdes gleich zu den Besichtigungen mitzunehmen. Vier Augen sehen einfach mehr als zwei! Auch sind Fachkenntnisse im Bereich der Zucht, Anatomie und Bewegungsbeurteilung durchaus sehr hilfreich.

Ich wusste das alles auch, als ich meine beiden Pferde gekauft habe. Shadow war eine reine Bauchentscheidung, die ich trotz seines nicht optimalen Gesundheitszustandes und seines etwas komplizierten Wesens damals bis heute in keiner Sekunde bereut habe. Bei Starlight hatte ich eigentlich beschlossen, rein und fein meinem Fachwissen die Entscheidung zu überlassen – doch bevor ich den kleinen Kerl überhaupt genau in Augenschein genommen hatte, hatte es schon wieder „Klick" gemacht und die Entscheidung war gefallen. Natürlich können solche Bauchentscheidungen gehörig schief gehen. Aber das kann eine Ehe auch. Und man sucht sich ja auch seinen zweibeinigen Partner nicht nach dessen Abstammung, Exterieur und Gangwerk aus! Zumindest nicht bei den Beziehungen, die wirklich anhalten, „bis dass der Tod uns scheidet"!

Ankaufsuntersuchung?

Wie sinnvoll ist eine Ankaufsuntersuchung bei einem jungen Pferd, das sich noch voll im Wachstum befindet? Hier scheiden sich die Geister. Wenn Sie einen Absetzer kaufen, werden Ihnen zahllose Röntgenbilder beispielsweise nur eine Momentaufnahme zeigen. Da kann alles in bester Ordnung sein – und ein halbes Jahr später hat das junge Pferd dann doch Hufrollenentzündung, Spat oder Ähnliches, obwohl bei der Ankaufsuntersuchung rein gar nichts zu erkennen war. Bei einem Zweijährigen können Röntgenbilder schon eher sinnvoll sein, da hier eventuell bereits Tendenzen zu später möglichen Erkrankungen sichtbar sind. Wer sich ein Zuchtpferd zulegt, sollte sich Gedanken über einen Bluttest machen, da sich viele genetische Erkrankungen mittlerweile im Blut erkennen lassen.

Es ist jedoch immer eine gute Idee, einen Tierarzt einfach einmal über den potenziellen Neuerwerb „drüber schauen zu lassen". Hierbei sollte man idealerweise einen Tierarzt wählen, der vielleicht selbst in Sachen Pferdezucht erfahren ist. Er kann auch schon bei einem recht jungen Pferd erkennen, ob es schwere körperliche Defizite hat, die es als Reitpferd beispielsweise völlig ungeeignet machen. Ob aus dem Jungspund aber der nächste Goldmedaillenträger wird, wird auch der größte Fachmann nicht voraussagen können.

Was sind Papiere wirklich wert?

In kaum einem anderen Land wird solch ein Hype um „Abstammungsnachweis" und „Zuchtpapiere" gemacht wie in Deutschland. Während in anderen Ländern immer noch die Eigenleistung eines Pferdes das ist, was wirklich zählt, scheint man in unseren Breiten viel eher nicht mehr die Pferde, sondern nur noch deren Papiere anzusehen!

Dabei verlieren viele Pferdefreunde das Wesentliche aus den Augen: das Pferd. Jedes Pferd ist ein Individuum und sollte nicht nach dem gemessen werden, was seine Vorfahren einst leisteten! Wer ein Pferd rein nach seinem Stammbaum kauft, der kann auch sehr böse Überraschungen erleben. Zwar hat man dann ein laut Papieren perfektes Reiningpferd – nur der Junior will einfach nicht geritten werden, sondern klaut lieber Halfter, öffnet selbstständig jede Tür und zeigt sich auch sonst eher als Zirkuspferdetalent. Hier ist dann die Enttäuschung des Besitzers oft immens – zumal man für gute Papiere auch gleich ordentlich Geld hinlegen muss.

Natürlich haben Papiere aber auch einen großen Vorteil: Man kann über mehrere Generationen den Stammbaum des eigenen Pferdes zurückverfolgen. Gerade beim Ausbruch von Erbkrankheiten kann dies ausgesprochen nützlich sein, da man auf diese Weise noch nachvollziehen kann, welches Pferd diese Krankheit in die Zucht brachte.

Bei den Quarter Horses und Paint Horses gibt es beispielsweise auch eine umfassende Internetdatenbank, in der alle Pferde dieser Rassen eingetragen sind. Hier kann man sich nicht nur

Wer später auch züchten will, sollte nur ein Jungpferd mit entsprechend guter Abstammung kaufen.

Stammbäume ansehen, sondern auch über die Leistungen der Vorfahren erkundigen und sogar Bildergalerien finden.

Papiere sagen meist nicht viel über das Wesen und die Eignung eines Pferdes aus. Denn auch wenn alle seine Vorfahren berühmte Springpferde waren und das Fohlen das Exterieur zum Springen hätte, sagt dies nicht, dass es auch springen will! Bei dem ganzen Papier-Wahn darf man nämlich eines nicht vergessen: die Natur. Seit sechs Millionen Jahren kümmert sich Mutter Natur um den Fortbestand der Gattung Equus. Wir Menschen mischen in dem Spiel der Fortpflanzung (genannt Zucht) seit kaum mehr als 2000 Jahren wirklich ernsthaft mit. Papiere im engeren Sinne sind eine Erfindung der letzten 500 Jahre; vorher gab es bei allen Pferden in Menschenhand eine reine Leistungsselektion. Zucht und Rassen sind – evolutionär gesehen – nichts anderes als eine Modeerscheinung des Menschen, der das miteinander anpaarte, was ihm gefiel.

Wenn Sie sich also auf die Suche nach einem vierbeinigen Familienmitglied der Gattung Equus machen, schauen Sie sich erst einmal das Pferd an – und dann die Papiere!

Der Neue kommt!

Sie haben nun also endlich Ihren „kleinen Prinzen" oder Ihre „Prinzessin" gefunden und können es kaum abwarten, bis der Neuzugang endlich bei Ihnen im Stall steht. Den Stall haben Sie natürlich so ausgewählt, dass er den Bedürfnissen eines heranwachsenden Pferdes gerecht wird.

Ein Zuhause zum Wohlfühlen

Die folgenden Rahmenbedingungen sollten Sie Ihrem Youngster in seinem neuen Zuhause bieten können:

- Die Box oder der Offenstall sind groß, freundlich und luftig mit direktem Zugang zu einem großen Ganzjahrespaddock.
- Ihr Junior kommt jeden Tag mit anderen – idealerweise gleichaltrigen – Pferden auf eine große Weide. Im Winter gibt es spezielle Winterpaddocks in ausreichender Größe.
- Das Stallpersonal kennt sich mit der Aufzucht junger Pferde aus und steht Ihnen von Anfang an freundlich mit Rat und Tat zur Seite.
- Sie haben bereits den „Trainer Ihres Vertrauens" gefunden, der Ihnen bei der Erziehung des Jungpferdes hilft.
- Sie haben einen Tierarzt gefunden, der sich mit den speziellen Bedürfnissen junger Pferde auskennt und die nötige Geduld bei Behandlungen mitbringt.
- Sie haben einen freundlichen Hufpfleger oder Hufschmied gefunden, der mit Ihnen zusammen Ihrem Jungpferd den ersten Beschlag zu einem angenehmen und nicht zu einem traumatischen Erlebnis machen wird.
- Sie haben einen zuverlässigen Futterhändler gefunden, der Sie in jedem Entwicklungsabschnitt Ihres Juniors fachkundig in punkto Ernährung unterstützen kann.

Des Weiteren müssen Sie sich vor dem Einzug Ihres Juniors noch um Folgendes kümmern:

- Abschluss einer Pferdehaftpflichtversicherung.
- Abschluss einer eigenen privaten Unfallversicherung! Die Gefahr, dass Sie sich im Umgang mit Ihrem jungen Pferd verletzen, ist weitaus höher als beim Umgang mit einem bereits ausgebildeten Pferd!
- Wenn das Pferd einen entsprechenden Wert hat und eventuell später als Turnier- oder Zuchtpferd eingesetzt werden soll, sollten Sie sich über eine Lebensversicherung informieren. Diese zahlt bei Unbrauchbarkeit des Pferdes für den angegebenen Zweck – und von dem Geld können Sie Ihrem Pferdchen dann einen schönen Lebensabend gönnen.
- Besorgen Sie die Erstausstattung, die Sie für die ersten Monate brauchen werden: Halfter, Anbindestrick, langer Führstrick, Abschwitzdecke, Putzzeug, Erste-Hilfe-Koffer, Bandagen und Gamaschen, Longe, Longierpeitsche, Longiergurt, Decke, Gerte und vielleicht als kleines Willkommensgeschenk eine Tüte Karotten!
- Wenn Sie schon ein Pferd besitzen, versuchen Sie gerade jetzt, möglichst viel Zeit mit ihm zu verbringen, damit es gar nicht erst merkt, dass „etwas im Busch ist".
- Legen Sie ein Sparbuch für Ihr Pferd an, auf das Sie jeden Monat einen Notgroschen von mindestens 50 Euro einzahlen. Eine Kolik kann jedes Pferd bekommen, und eine Kolikoperation kostet mindestens 3000 Euro!
- Lassen Sie mit Ihren Freunden ruhig schon mal die Sektkorken knallen und freuen Sie sich über den baldigen Neuzugang!
- Bitten Sie Ihren Chef um 14 Tage Urlaub, damit Sie sich zumindest in der Eingewöhnungsphase intensiv um Ihren Neuzugang kümmern können.
- Üben Sie mit dem Jungpferd in seiner vertrauten Umgebung das Verladen und auch das Wegfahren und Ausladen, sodass der eigent-

liche Transport dann kein allzu großer Stress mehr wird!

Vereinbaren Sie mit dem Verkäufer dass dieser Ihnen für vier Wochen ausreichend Kraftfutter der vertrauten Sorte für Ihren Nachwuchs mitgibt, damit Sie ihn dann Schritt für Schritt auf das neue Futter umstellen können.

Bevor das junge Pferd zu Ihnen kommt, sollten Sie ihm wenn irgendwie machbar eine Art Übergangszeit gönnen. Besuchen Sie Ihren Junior in diesen vier bis sechs Wochen möglichst oft in seiner alten Heimat, damit Sie beide miteinander vertraut werdenkönnen. Das ist für das junge Pferd am stressfreiesten, da es Sie dann in seiner gewohnten Umgebung kennenlernen kann und idealerweise auch schon etwas Vertrauen zu Ihnen fasst.

Ich habe sowohl Shadow als auch Starlight zwei Monate Übergangszeit gegönnt und nahm jeden zweiten Tag die 80 Kilometer Anfahrt zur Red Rock Ranch auf mich. Auf diese Weise konnte ich mich auch durch die Mithilfe des Züchters mit den beiden vertraut machen und ein gewisses Grundvertrauen aufbauen. Gearbeitet habe ich in diesen zwei Monaten nicht mit Shadow oder Starlight. Viel eher achtete ich darauf, dass sie mein Erscheinen immer mit etwas Positivem in Verbindung bringen konnten – ich brachte sie einfach nur auf die Weide oder unternahm mit ihnen einen Spaziergang, bei dem sie auch grasen durften.

Gelegentlich einige kleine Übungen im Round Pen oder interessante neue Sachen, wie beispielsweise Fußballspielen, können zwischen Pferd und Mensch schon jetzt gegenseitigen Respekt aufbauen – und vor allem findet das Jungpferd diesen neuen Menschen einfach hochinteressant und freut sich über die Zusammenarbeit.

Das Kumpelpferd

Wenn Ihr Neuzugang am neuen Stall eintrifft, wird er sich erst einmal von aller Welt verlassen vorkommen. Alle seine Freunde sind weg und er ist umgeben von fremden Menschen und Pferden. Dies kann eine sehr beängstigende Erfahrung für ein junges Pferd sein, die es für den Rest seines Lebens prägen wird. Über die schwierigen ersten Monate und auch beim späteren Training hilft aber ein „Kumpelpferd" gut hinweg. Dies sollte ein freundliches, älteres Pferd sein, das von seinem Gemüt her das Jungpferd an dessen erstem Tag im neuen Stall freundlich begrüßt und durch seine eigene Ruhe auch schnell selbst zur Ruhe kommen lässt. Sofern möglich sollte dieses freundliche Kumpelpferd dann zumindest die ersten Tage neben Ihrem Junior bleiben, ehe dieser dann seinen Mut wieder zusammennehmen kann und sein neues Zuhause erkundet.

Doch wie wählt man ein passendes Kumpelpferd aus? Da Sie mit diesem Pferd zusammen auch später sozusagen die Grunderziehung Ihres Juniors bewerkstelligen werden, sollte das Kumpelpferd natürlich in einem tadellosen gesundheitlichen Zustand sein und über eine breit gefächerte Grundausbildung verfügen. Es sollte sich gut und sicher in jeder Lage reiten lassen und charakterlich ein absoluter Fels in der Brandung sein. Sollten Sie ohnehin schon ein Pferd besitzen, ist es am

Da Shadow sozusagen auch mein bester Kumpel auf vier Hufen ist und ich mich immer auf ihn verlassen kann, erwählte ich ihn auch als „Lernkumpel" für Starlight.

naheliegendsten, dieses als Kumpelpferd heranzuziehen, wenngleich man dann aber auch höllisch aufpassen muss, dass zwischen den beiden eigenen Pferden kein Konkurrenzkampf um Ihre Gunst entbrannt.

Bei Starlight entschied ich mich in den ersten Monaten genau wegen dieses Problems bewusst nicht für Shadow als Kumpelpferd, sondern für einen älteren Haflinger, der Starlight auch später noch bei seiner Ausbildung beim

Mocha Dun It war Starlights „Onkel" und stand im neuen Stall direkt neben ihm. Starlight fand in ihm einen tollen „Lehrvater", der mit ihm auch geduldig stundenlang auf der Weide spielte – und ihn dabei ganz nebenbei erzog! Mocha Dun It verstarb am 5.12.2006. Wir trauerten alle lange um den charismatischen, freundlichen Hengst – auch Starlight!

Trainer begleitete. So hatte Starlight sozusagen für jeden Bereich einen „Spezialkumpel": den Haflinger Wanja für die ersten Wochen, das Anreiten und die ersten Geländeritte, den Quarter-Hengst Mocha Dun It und den Araber-Hengst Inch Allah für die Erziehung auf der Weide und als „Kuschel- und Spielonkels" im Paddock – und mein Showpferd Shadow natürlich für die komplette Erziehung an der Hand, das Anhängerfahren, für die Arbeit im Round Pen und das Einstudieren der ersten Zirkustricks!

Durch das Integrieren eines Kumpelpferdes in das Training geben Sie dem Jungpferd die Gelegenheit, sich an einem vierbeinigen Vorbild zu orientieren. Junge Pferde lernen in der Natur hauptsächlich dadurch, dass sie das Verhalten der Älteren imitieren. Gehen Sie beispielsweise mit einem jungen Pferd spazieren und werden dabei von einem Helfer mit dem Kumpelpferd begleitet, so wird Ihr Junior sich mehr an diesem Pferd orientieren als an Ihnen. Bleibt das vierbeinige Vorbild auch bei einer andonnernden Erntemaschine völlig gelassen, wird auch der Junior darin bald keine Gefahr mehr sehen. Sieht der Junior einige Male zu, wie der vierbeinige Kollege voller Elan in den Anhänger klettert und sich über das Lob des Menschen freut, so wird er bei diesem neuen Spiel dann auch mitmachen wollen und den Anhänger betreten. Oder ins Wasser gehen. Oder über die Plane. Oder auch auf Zuruf von der Weide kommen!

Ein oder mehrere Kumpelpferde können also die Ausbildung Ihres Jungpferdes sehr positiv beeinflussen, wenn sie zuvor sorgsam ausgewählt wurden. Widersetzliche, schreckhafte oder ungehorsame Pferde eignen sich daher ebenso wenig als Kumpelpferd wie zu alte und zu kranke, die dann durch den jugendlichen Übermut Ihres Neuzuganges zu viel Stress haben. Dennoch kann man gerade bei älteren Pferden oft erleben, dass diese in ihrer Rolle als Kumpelpferd regelrecht aufblühen und auf einmal wieder selbst motiviert mitarbeiten.

Ankunft im neuen Stall

Für ein junges Pferd kommt der Tag, an dem es den Stall seiner Geburt verlässt, nach seinem Empfinden sicherlich immer zu früh. Für das Fluchttier Pferd bedeutet Veränderung des Umfeldes in erster Linie Stress und Angst, denn in der Natur birgt eine Veränderung des Umfeldes immer auch Gefahren in sich. Schon der Transport zum neuen Heim kann für das Jungpferd ein unschönes Erlebnis sein – umso mehr, wenn sich vorher niemand die Mühe gemacht hat, mit dem Junior das Verladen und vor allem auch das Wegfahren zu üben!

Oft ist es bei unvorbereiteten Jungpferden so, dass sie erst einmal völlig arglos in den Anhänger gehen. Doch sobald nach der Fahrt die Rampe herunterklappt, befinden sie sich plötzlich in einer völlig neuen Welt und alle Kameraden sind verschwunden – da kann man sich denken, dass sie in Zukunft ein eher gespaltenes Verhältnis zum Pferdeanhänger haben werden.

Auch die selbstbewusstesten Jungpferde verlassen den Anhänger recht kleinlaut, wenn sie sich in einer völlig fremden Umgebung wiederfinden. Auch unser Dreikäsehoch Starlight schien sich regelrecht hinter seinem Züchter verkriechen zu wollen, als dieser ihn bei uns ablieferte. Der erste Umzug im Leben ist Stress für das Jungpferd, da braucht man sich nichts vorzumachen. Daher sollte man dem Junior die Ankunft am neuen Stall so angenehm wie möglich gestalten.

Auch wenn es schwer fällt – laden Sie am Ankunftstag Ihres Juniors nicht gleich die ganze Sippschaft und alle Reitkollegen ein! Wählen Sie einen ruhigen Tag unter der Woche, an dem am Stall auch nicht allzu viel los ist! Idealerweise nimmt sich auch der Stallbesitzer bei der Ankunft des Jungpferdes dann zwei bis drei Stunden Zeit, dieses in Ruhe mit seiner neuen Umgebung vertraut zu machen. Es versteht sich natürlich von selbst, dass am ersten Tag jegliche körperliche oder geistige Belastung für das Jungpferd absolut tabu ist! Ebenso sollte man das ohnehin sicherlich verängstigte und von der Hängerfahrt angestrengte Pferd nicht gleich zu seinen neuen Weidekollegen entlassen. Das wäre einfach zu viel für den ersten Tag. Stattdessen sollten Sie Ihrem Junior die Möglichkeit geben, die ersten Tage erst einmal in seiner Box und seinem Paddock zu verbringen.

Führen Sie das Jungpferd also am besten gleich nach dem Abladen in aller Ruhe in sein neues Heim. Nach einer langen Fahrt ist der Wunsch nach Wasser und Heu oft groß! Lassen Sie dem Jungpferd dann einfach einige Stunden Zeit, sich mit seinem neuen Zuhause vertraut zu machen. Bieten Sie ihm frisches,

Der Kontakt mit dem Kumpelpferd sollte möglichst bald erfolgen, damit Ihr Junior sich nicht ganz alleine fühlt. Denn so sehr Sie ihn auch umsorgen werden – ein Pferd können Sie ihm nicht ersetzen!

nicht zu kaltes Wasser und Heu an. Zur Begrüßung darf man auch ein paar Karotten in den Futtertrog legen.

Bleiben Sie in der Nähe, aber verkneifen Sie es sich, Ihren Junior jetzt stundenlang zu knuddeln oder zu putzen. Was das junge Pferd jetzt braucht, ist vor allem Ruhe und Sicherheit. Am ersten Tag sollten Sie eigentlich gar nichts mit Ihrem Junior unternehmen. Die neue Box, die fremden Pferde, das anders schmeckende Heu und Wasser – das alles ist für den ersten Tag sicherlich Aufregung genug.

Das Kumpelpferd sollte bereits am Tag der Ankunft in der Box neben Ihrem Junior einziehen, um ihm von Anfang an die notwendige mentale Stütze geben zu können. So hat das Jungpferd gleich bei seinem Einzug einen freundlichen Nachbarn, der die Trauer über den Verlust der alten Freunde vielleicht etwas wettmachen kann.

Am zweiten Tag sollten Sie Ihrem Neuzugang dann aber die Möglichkeit geben, sich nach eigenem Gutdünken die Beine zu vertreten. Ein gemeinsamer Spaziergang über die gesamte Anlage bietet sich hier an. Junge Pferde sind oft extrem neugierig und wollen alles Fremde beriechen und anstupsen. Lassen Sie Ihren Junior ruhig mit Nase und Maul erst einmal alles ganz in Ruhe erkunden. Sie können das Jungpferd aber auch auf einen größeren

Mama Jewel führt, Klein Bobby folgt – so einfach wie in der Kindheit wird das Herdenleben später nicht mehr sein.

Auslauf stellen, mit dem Kumpelpferd auf dem angrenzenden Auslauf. So werden Rangkämpfe noch vermieden, aber der Junior fühlt sich nicht alleine und kann sich auch austoben. Auf diese Weise kann dann die komplette erste Woche vergehen, in der das Jungpferd noch ausschließlich das gewohnte Futter des Vorbesitzers bekommen sollte.

Wenn Sie dann nach einigen Tagen das Gefühl haben, dass es Ihrem Junior nun alleine doch langweilig wird, dann können Sie mit der Eingliederung in die Herde beginnen.

Eingliederung in die Herde

Leider sieht man immer noch, dass junge Pferde direkt aus dem Anhänger gezerrt und auf die Weide zu den anderen Pferden entlassen werden. „Da muss der durch, und besser früher als später", argumentieren dann die frischgebackenen Jungpferdebesitzer – die aber meist schlichtweg zu faul sind, ihr Pferd Schritt für Schritt an seine neue Herde zu gewöhnen. Ein Pferd in eine bestehende Herde einzugliedern ist immer schwierig, und gerade für junge Pferde, die sich bisher nur unter Gleichaltrigen und an der Seite ihrer Mutter bewegten, bedeutet es extrem viel Stress.

Zunächst sollte man den Junior mit dem gutmütigen Kumpelpferd zusammen auf die Weide stellen. So kann er schon Anschluss finden und lernt relativ gefahrlos die Spielregeln der erwachsenen Pferde kennen. Je nach geistiger Reife des Jungpferdes kann man diese Zwischenlösung ruhig einige Wochen praktizieren – in denen man dem Besitzer des Kumpelpferdes auch mal ein Bierchen in der Reiterschenke spendieren sollte!

Funktioniert es dann mit dem Kumpelpferd gut, muss man den Junior leider auch mal ins kalte Wasser werfen – und zu der kleinen Zweiergruppe gesellt sich dann an einem Tag der Chef der Hauptherde, zu der normalerweise auch das Kumpelpferd gehört. Nun kann sich Junior wieder vom Kumpelpferd abschauen, wie man am besten mit dem „Big Boss" umgeht, und jener lernt den Junior nicht als potenzielle Gefahr für seine Herde kennen, sondern schlichtweg als Anhang des Kumpelpferdes. Manche alten Hasen gehen auch so weit, dass sie den Junior zuvor mit dem Mist des Herdenchefs einreiben, sodass der fremde Geruch überdeckt wird.

Ist auch diese Übergangsphase geglückt, wird einem nach ein bis zwei weiteren Wochen nichts anderes übrig bleiben, als den Junior nun vollends ins kalte Wasser zu werfen. Entlassen Sie das Jungpferd dann zusammen mit dem Kumpelpferd und dem Herdenchef wieder in die komplette Herde. Für diesen Tag sollte die größte Weide ausgewählt werden, die zur Verfügung steht – und vorher sollte man sicherheitshalber auch den Zaun nochmals kontrollieren.

Auch wenn man alles gut vorbereitet – kommt ein neues Pferd in die Gruppe, egal ob alt oder jung, ist erst mal was los auf der Weide! Unter reinen Männergruppen ist die Rangfrage dann meist binnen weniger Tage geklärt, während es bei Stutengruppen auch Monate dauern kann.

Es wird zu Reibereien kommen. Denn auch wenn der Herdenchef den Neuzugang mittlerweile schon akzeptiert, werden nach und nach alle anderen Pferde zu ihm kommen, um zu sehen, wo er im Ranggefüge stehen wird. Ein junges Pferd wird in einer Herde von erwachsenen Pferden immer recht weit unten beginnen und sich erst mit zunehmendem Alter hocharbeiten können.

Je nachdem, wie alt Ihr Junior ist, genießt er aber ohnehin noch den Fohlenschutz. Dies können Sie daran erkennen, dass er beginnt, „Fohlenmäulchen" zu machen, sobald ein anderes Pferd sich ihm nähert. Dieses Luftkauen ist eine Beschwichtigungsgeste, die von nahezu jedem normal sozialisierten Pferd auch als solche erkannt wird. Kein Pferd, das aus einem normalen Umfeld kommt, wird ein anderes Pferd, das diese Beschwichtigungsgeste zeigt, angreifen. Viele Jungpferde zeigen diese Geste bis zu ihrem dritten Lebensjahr. Erst dann beginnen sie, ernsthaft ihren Platz in der Gruppe zu suchen, was dann natürlich zu heftigen und manchmal auch tagelangen Reibereien führt.

Ernsthafte Verletzungen gibt es bei Pferden mit gesundem Sozialverhalten aber bei diesen Rangordnungskämpfen selten, da die Rangordnung eher durch Rituale als durch körperliche Auseinandersetzungen ausgefochten wird. Dennoch sollten Sie in den ersten Tagen immer mal wieder ein wachsames Auge auf die Weide werfen, um eventuelle Gefahrensituationen abwenden zu können. Meist ist die Sache mit der Rangfolge aber binnen weniger Tage geklärt – der Junior wird sich erst einmal mit dem Platz am Ende der Herdenliste abfinden müssen und auf eine Chance warten, um nach und nach aufsteigen zu können.

Neuer Stall – neue Viren

Wundern Sie sich nicht, wenn Ihr Jungpferd schon nach einigen Tagen am neuen Stall krank wird. Meist kann man in den ersten Wochen harmlosere Erkrankungen wie Husten, leichten Schnupfen und Durchfall erleben. Selbstverständlich sollte man dies nicht auf die leichte Schulter nehmen und vorsichtshalber den Tierarzt kommen lassen. Meist haben diese kleinen Erkrankungen in der ersten Woche zwar hauptsächlich mit der Futterumstellung und dem Stress zu tun – aber man sollte vorsichtig sein! Vor allem bei Jungpferden, die noch über keinen ausreichenden Impfschutz verfügen, ist größte Vorsicht geboten.

Natürlich ist so ein Tierarztbesuch immer recht teuer, aber ich kann trotzdem nur jedem Jungpferdebesitzer raten, den Tierarzt etwa eine Woche nach Einzug des Juniors in den neuen Stall zu einem „Allround-Check" zu bestellen. Der Tierarzt kann dem Jungpferd beispielsweise dann Blut abnehmen und ein großes Blutbild machen. Hieraus kann man kleine Unstimmigkeiten im Körper erkennen und gegebenenfalls mit anderem Futter entgegenwirken. Wenn Ihr Junior in den ersten Tagen aber nur etwas Durchfall hat, weil er sehr aufgeregt ist – kein Grund zur Panik, das legt sich oft schon nach kurzer Zeit wieder. Um eine ausreichende Nährstoffversorgung trotzdem zu gewährleisten, ist es dann sicherlich nicht falsch, dem jungen Pferd eine kleinere Menge Elektrolyte zu geben. Dauert Durchfall allerdings länger als drei Tage an, sollte man den Tierarzt holen.

„Hallo Mädels!" Pünktlich zum ersten gemeinsamen Osterfest entdeckte Starlight sein Interesse für das andere Geschlecht … – da war von dem kleinen süßen Bub, den wir gekauft hatten, schlagartig nichts mehr übrig!

Wenn die Hormone schießen

Wer sich ein Jungpferd im Winter gekauft hat (wozu man aufgrund der geringeren Preise im Winter durchaus raten kann!), der erlebt bei den ersten Sonnenstrahlen im Frühling dann oft sein blaues Wunder. Aus dem gestern noch so braven und gehorsamen Junior wird ein absoluter Rüpel, der im Frühjahr plötzlich Hengstmanieren entwickelt. So erging es mir auch mit Starlight, den ich im Herbst kaufte. Ein halbes Jahr später war von dem süßen kleinen Burschen nicht mehr viel übrig – da stand dann ein sehr selbstbewusster und teilweise auch streitsüchtiger Junghengst vor mir, der seine Grenzen ausloten wollte.

Viele Pferdebesitzer bekommen gerade in dieser Phase dann Angst vor dem eigenen Pferd und fragen sich, ob die Sache mit dem Jungpferdekauf wirklich so eine gute Idee war. Und wer denkt, nur Hengstbesitzer seien davon betroffen, der irrt! Auch Stuten machen im Alter von zwei bis vier Jahren große hormonelle Umstellungen durch – und viele der jungen Damen sind gerade in ihrer ersten Rosse absolut unausstehlich!

Auch wer einen jungen Wallach sein eigen nennt, sollte sich nicht zu früh freuen – selbst Wallache können im Frühling zu kleinen Rackern werden. Sie unterliegen zwar keinen so starken Hormonschwankungen wie ihre nicht kastrierten Kollegen, aber neben Testosteron und Östrogen werden auch noch andere Hormone im Laufe des Wachstums und Heranreifens ausgeschüttet, und zwar oft in kurzen, recht heftigen Intervallen. Wer sich an seine eigene Pubertät noch lebhaft erinnert, der weiß, wovon ich rede! Auch Pferde machen eine Art Pubertät durch, die sehr von den Jahreszeiten abhängig ist.

Doch was tun, wenn die Hormone die Macht ergreifen und das junge Pferd gerade selbst nicht weiß, was los ist? Viele Jungstuten erleben nach der ersten Rosse eine Art Entwicklungsstillstand. Oft hat man sogar den Eindruck, dass die plötzliche Hormonumstellung ihnen gar nicht gut tut. Viele verlieren wieder an Muskeln, wachsen ungleichmäßig und sehen irgendwie halbfertig aus. In dieser Phase sollte man die junge Stute dann nicht auch noch mit einem täglichen Trainingsprogramm belasten. Manchen tut im Alter von zwei bis drei Jahren eine ausgiebige Weidepause noch mal sehr gut. In dieser Pause können sie – am besten in einer Stutenherde – in Ruhe heranreifen und wieder eins mit ihrem sich schnell verändernden Körper werden. Leichtes Training in Form von Geschicklichkeitsparcours, zirzensischer Bodenarbeit und auch Spazierengehen festigen aber auch in dieser Phase das Vertrauen und den Respekt gegenüber dem Menschen. Das Training im Round Pen ist ebenfalls dann und wann eine gute Möglichkeit für Pferd und Mensch, sich besser kennen und verstehen zu lernen.

Bei jungen Hengsten kommt es spätestens im Alter von drei Jahren zu einem regelrechten Hormonkick. Auf einmal sind die Weiber nicht mehr einfach blöd oder bestenfalls Spielkameraden, sondern werden auf gar seltsame Weise hochinteressant! Der Sprung vom lieben Hengstfohlen zum Möchtegern-Junghengst kann sogar binnen weniger Tage erfolgen, was dann die Besitzer meist komplett überrumpelt. Auch artet der Geschlechtstrieb sehr unterschiedlich aus: Manche Hengste begnügen sich ihr Leben lang damit, schönen Stuten einfach nur nachzusehen. Andere hingegen reißen die Boxenwände ein, um zur Stute zu kommen, und werden regelrecht verrückt!

Wenn Sie merken, dass angesichts dieser Entwicklungen in Ihnen langsam, aber sicher die Angst hochkommt und Sie sich nicht sicher sind, ob Sie Ihrem jungen Rabauken Einhalt gebieten können – suchen Sie sich professionelle Hilfe! Junge Hengste, die gerade erst ihr Faible für die Damenwelt entdeckt haben, können in fachkundiger Hand sehr schnell und stressfrei lernen, wie sie sich in der Gegenwart von Menschen auch im Beisein von Stuten zu verhalten haben. Versuchen Sie also nicht, sich selbst oder Ihrem Umfeld etwas zu beweisen, wenn Sie merken, dass Ihr kleiner Don Juan Ihnen über den Kopf wächst. Geben Sie ihm dann lieber die Chance einer soliden Erziehung bei einem Profitrainer. Seien Sie bei der Auswahl des Trainers sehr wählerisch, denn ein schlecht erzogener Hengst ist nicht nur für sich selbst eine Gefahr, sondern vor allem auch für sein Umfeld.

Wann fangen wir an?

Bei dieser Frage scheiden sich die Geister wohl schon seit Jahrhunderten. Während die einen immer noch für eine möglichst menschenfreie Aufzucht bis zum vierten Lebensjahr plädieren, sehen die anderen es als absolut unerlässlich an, schon das neugeborene Fohlen per Imprint-Training völlig auf den Menschen zu fixieren.

Die körperliche Reife eines Pferdes ist leichter zu erkennen als die geistige!

In der Reiningszene der Westernreiter gibt es Trainer, die kein Pferd zum Einreiten annehmen, das älter als 18 Monate ist. Begründung: Das Pferd sei dann zu alt, um zu lernen! Jedem Anhänger der klassischen Reitkunst lässt dies natürlich die Haare zu Berge stehen, da diese erst das 12- bis 14-jährige Pferd als erwachsen ansehen. In diesem Alter werden die meisten Reiningpferde, die einst mit 18 Monaten angeritten wurden, entweder dann schon mit kaputten Beinen in der Zucht eingesetzt – oder sie sind im Hundefutter gelandet.

Aber man darf beide Reitweisen nicht verteufeln, denn es gibt auch bei den Westernreitern sehr erfolgreiche Trainer, die ihre Pferde erst mit drei oder vier Jahren anreiten. Und genauso gibt es überambitionierte Klassikreiter, die damit prahlen, ihrem Dreijährigen bereits Piaffe, Passage und Kapriole beigebracht zu haben. Seit Januar 2007 dürfen beispielsweise bei der EWU (Erste Westernreiter Union Deutschland) keine Pferde unter vier Jahren mehr auf Turnieren vorgestellt werden, und erst ab sieben Jahren darf ein Pferd in den sogenannten „Senior Klassen" gezeigt werden. Auch hier zeichnet sich also eindeutig ein Trend zum späten und schonenden Training ab.

Wann ist aber der Zeitpunkt für Sie als Besitzer des Juniors, um mit der Arbeit zu beginnen? Wie gesagt: Eine allgemein gültige Formel gibt es nicht. Jedes Pferd ist ein Individuum und es gibt wie bei uns Menschen extrem frühreife Exemplare und extreme Spätzünder.

Ich erlebte mit meinen beiden Pferden diese absoluten Extreme hautnah. Bei Shadow war erst im Alter von acht Jahren an regelmäßiges Training zu denken, während Starlight sich bereits mit zwei Jahren anschickte, uns vor

Langeweile den Stall auseinanderzunehmen. Also begannen wir, mit ihm am Boden zu arbeiten. Er lernte extrem schnell und so war ihm natürlich schon nach einem halben Jahr wieder langweilig und er begann, neuen Blödsinn auszuhecken. So gab ich ihn dann im Alter von zwei Jahren und neun Monaten in Beritt. Dort wurde er allerdings weitere drei Monate als Handpferd ausgebildet und dann auf diese Weise bei ausgedehnten Ausritten erst einmal geländefest. An seinem dritten Geburtstag setzte sich seine Trainerin dann das erste Mal auf ihn – und Starlight schien völlig begeistert! Mit größtem Eifer ist er seither beim Training dabei und ist meistens offensichtlich enttäuscht, wenn nach 30 Minuten am Tag schon Schluss ist.

Sein großes Talent konnte er auf einigen ausgesuchten Turnieren dann im darauf folgenden Sommer unter Beweis stellen. Obwohl für ein Reiningpferd extrem „spät" und auch sehr schonend angeritten, errang er den Titel des Landesmeisters in der Junior Reining, kam in die Top Ten der Dreijährigen-Futurity auf der Americana – und in der World Open Freestyle Reining belegte er sogar den dritten Platz! Starlight ist extrem arbeitswillig und talentiert, aber genau deswegen ist es meine Pflicht und die seiner Trainerin, ihn dann und wann auch ein bisschen zu bremsen!

Wenn Sie also nach dem richtigen Zeitpunkt suchen, Ihren Junior zu beschäftigen – beobachten Sie ihn einfach genau! Spätestens wenn er beginnt, mehrmals täglich auszubüxen oder allerlei Gegenstände umher zu tragen, können Sie davon ausgehen, dass ihm langweilig ist. Dann kann man auch mit einem recht jungen Pferd schon spielerisch beginnen, es auf den Ernst des Lebens vorzubereiten.

Schaffe ich das alleine?

Spätestens an dem Tag, an dem Starlight mir mehrfach auf zwei Beinen entgegenkam, mich einmal mit voller Wucht rammte und zu Boden streckte, habe ich mich auch wieder gefragt: Schaffe ich das alleine? Kann ich diesen kleinen Macho wirklich alleine zu einem zuverlässigen Freizeitpferd oder erfolgreichen Turnierpferd ausbilden? Ich hatte meine Zweifel, obwohl ich schon etliche erwachsene Pferde weitergebildet hatte. Aber erwachsenen Pferden etwas Neues beizubringen ist eine Sache – einen rohen Jungspund auszubilden eine völlig andere.

Und da ich mich dann an die ersten drei Jahre mit Shadow zurückerinnerte – und auch daran, wie oft ich damals mit knapper Not dem Krankenhaus oder einem Nervenzusammenbruch entronnen bin –, beschloss ich, mir dieses Mal Hilfe zu holen, wenn es dann später ans Anreiten gehen sollte. In allen anderen Bereichen der Ausbildung konnte ich selbst auf genügend Erfahrung mit verschiedenen Pferden zurückblicken.

Mein Konzept ging auf: Starlight wurde zu einem erfolgreichen Turnier- und Showpferd – und zu einem Kumpel, mit dem man gerne seine Freizeit verbringt. Bevor man aber mit der Ausbildung des eigenen Jungpferdes beginnt, sollte man sich genau darüber im Klaren sein, was man wirklich kann und was man absolut nicht kann. Hierbei sollte man sich selbst gegenüber ehrlich sein!

Machen Sie sich also eine Liste, die die Hauptausbildungspunkte dieses Buches beinhaltet. Dahinter kommen dann drei Spalten mit den Überschriften „krieg ich hin", „würde gerade so gehen" und „traue ich mir nicht zu". Dann machen Sie Ihre Kreuze. Alles, was bei „würde gerade so gehen" steht, sollten Sie in Zusammenarbeit mit einem Trainer machen, alles, was bei „traue ich mir nicht zu" steht, sollte der Trainer Ihrem Jungpferd beibringen.

Falsche Eitelkeit und Egoismus haben in der Ausbildung eines Jungpferdes nichts verloren. Wenn Sie mit einer Lektion beginnen und diese dann nicht zu Ende führen können, haben Sie sich auf diesem Sektor unter Umständen bereits ein kleines Problem geschaffen, das alle aufbauenden Lektionen natürlich ebenfalls beeinflusst. Wenn Sie also Wert auf ein gut ausgebildetes Pferd legen – sei es nun für Turnier oder Freizeit, zu Beginn macht dies keinerlei Unterschied –, überlegen Sie sich gut, was Sie wirklich selbst machen können und wo Sie Hilfe brauchen. Wenn Sie schon einige Jahre Erfahrung mit eigenen Pferden sammeln konnten und selbst etwa auf dem Ausbildungsstand vom Basispass Pferdekunde, dem kleinen Longierabzeichen und dem Reitabzeichen Klasse 4 stehen, sollte es Ihnen gelingen, mit Ihrem Jungpferd die meisten Übungen aus diesem Buch selbst durchzuführen.

Unabhängig vom bisherigen reiterlichen Werdegang kann ich es nur jedem empfehlen, die oben genannten FN-Abzeichen zu absolvieren, da in den dazugehörigen Kursen ein breites Wissen rund ums Pferd vermittelt wird und man vor allem auch lernt, die eigenen Fähigkeiten genau einzuschätzen.

Auch empfehlenswert ist es natürlich, vorher einige Bodenarbeitskurse (Round-Pen-Arbeit, Pat Parelli, TTEAM, Pegasus System, GHP) zu besuchen, um sich dort Ideen und Anregungen für das Training zu holen, aber auch, um selbst die notwendigen praktischen

Junge Pferde kennen die Benimmregeln zwischen Pferd und Mensch noch nicht. Wenn ihnen etwas nicht passt, zeigen sie es – und haben dabei auch oft „durchschlagende Argumente"!

Fähigkeiten zu erwerben. Diese Kurse sollte man natürlich ohne das Jungpferd besuchen! Viele Kursveranstalter stellen gegen eine angemessene Gebühr Schulpferde zur Verfügung. So können Sie schon einmal an einem älteren, trainierten Pferd alle Handgriffe in Ruhe üben, ehe Sie zu Hause dann mit Ihrem Jungpferd beginnen. Und wer ein älteres Pferd hat: Dies ist die Gelegenheit, auch mit dem Senior wieder etwas zu unternehmen, damit dieser sich durch den Junior nicht aufs Abstellgleis geparkt vorkommt.

Der Kinder-garten beginnt

Der „Kindergarten" für unseren vierbeinigen Partner ist kein eckiges Klassenzimmer wie bei Menschenkindern, sondern der Kreis des Round Pen, an den wir es Schritt für Schritt und ohne Stress gewöhnen werden. Die Arbeit im Round Pen basiert, wenn sie richtig angewendet wird, auf den natürlichen Verhaltensweisen unserer Pferde. Leider würde es den Rahmen dieses Buches sprengen, die Round-Pen-Arbeit in allen Einzelheiten zu erklären. Daher möchte ich Ihnen mein Buch „Vom Round Pen zur Freiheitsdressur", ebenfalls im Cadmos Verlag erschienen, ans Herz legen. In diesem Buch finden Sie eine komplette Schritt-für-Schritt-Anleitung zur Round-Pen-Arbeit und der sich daraus entwickelnden Freiheitsdressur.
Für ein Jungpferd bedeutet der Round Pen anfangs vor allem eines: Stress. Der Stress wird hauptsächlich durch die Tatsache erzeugt, dass das junge Pferd alleine im Round Pen ist – oder sich zumindest anfangs so vorkommt, da es den Menschen ja nicht sofort als Leittier anerkennt.

Juhu, spielen! Zu Beginn kann es im Round Pen mit zwei Pferden etwas chaotisch zugehen ...

Round Pen mit Kumpelpferd

Um es dem jungen Pferd zu Beginn leichter zu machen und um sich den Nachahmungstrieb aller jungen Pferde zunutze zu machen, kann man die Round-Pen-Arbeit auch mit dem Kumpelpferd beginnen. Hierzu brauchen Sie zu Beginn allerdings einen Helfer, der sich um die Signale für das Kumpelpferd kümmert. Lassen Sie Ihren Helfer zuerst das Kumpelpferd in den Round Pen führen und in der Mitte warten. Dann bringen Sie auch Ihr Jungpferd hinein und schließen den Round Pen. Auf ein Zeichen hin werden dann beide Pferde losgelassen, wobei man auch die Halfter abnehmen sollte.

Gönnen Sie beiden Pferden nun ruhig einige Minuten, in denen vor allem das Jungpferd den Round Pen erst einmal ausgiebig kennenlernen kann. Greifen Sie mit Ihrem Helfer nur dann ein, wenn beide Pferde eine ernsthafte Keilerei beginnen! Nach etwa zehn Minuten gibt der Helfer dann dem Kumpelpferd das Signal zum Schritt auf dem Hufschlag. Das Jungpferd wird sich vielleicht nicht gleich anschließen. Spätestens aber, wenn Sie zum Trab übergehen, wird es sich an das Kumpelpferd hängen und diesem folgen.

Versuchen Sie gerade in den ersten Einheiten im Round Pen, möglichst ruhige Gangarten abzufragen. Gegen einen kurzen Galopp ist nichts einzuwenden, aber die Hauptgangart zu Beginn sollte eindeutig der Schritt sein – auch um die jungen Gelenke zu schonen und keinen Stress entstehen zu lassen. Für den ersten Tag reicht es völlig, beide Pferde ein wenig im Schritt und Trab auf dem Hufschlag zu bewegen und hinterher zum Appell in die Mitte zu bitten. Auch hier wird Ihr Junior seinem Kumpel willig folgen und muss dafür dann natürlich ausgiebig gelobt werden!

Nach zwei bis drei Tagen Denkpause mit den anderen Pferden auf der Weide geht's dann wieder mit dem Kumpelpferd in den Round Pen und Sie beginnen damit, beide Pferde auf ihren Namen zu konditionieren. Nennen Sie eines der Pferde beim Namen, sagen Sie „Brav!", streicheln Sie es dann und geben ihm ein Leckerli. Dann ist das andere Pferd dran. So lernen die Pferde zu differenzieren, wann ein Lob für sie gemeint ist.

Nach einigen Aufwärmrunden im ruhigen Schritt auf dem Hufschlag beginnen Sie, von dem Kumpelpferd ganz einfache Lektionen abzufragen: vom Schritt in den Trab, vom Trab in den Galopp, vom Galopp in den Trab und vom Trab in den Schritt. Geben Sie hierbei nun Stimm- und Körpersignale überdeutlich, sodass auch das Jungpferd sie deutlich erkennen kann. Sobald das Kumpelpferd reagiert, loben Sie es namentlich, und wenn dann auch Ihr Junior sich entscheidet, mitzumachen und dem Signal auch nachkommt, wird er natürlich ebenfalls namentlich gelobt.

Nach wiederum zwei bis Tagen Weidedenkpause wiederholen Sie die Übungen erneut, bevor Sie dann nach weiteren zwei bis drei Tagen Pause beginnen, langsam auch schwierigere Lektionen wie das Anhalten, das Wenden nach innen und außen und Volten abzufragen. Machen Sie auf diese Weise das Jungpferd mit allen Lektionen im Round Pen vertraut, die Sie später auch von ihm alleine fordern möchten.

Hinter einem erfahrenen Pferd ist die Round-Pen-Arbeit nicht ganz so stressig wie gleich alleine.

Starlight folgt Shadow wie am Schnürchen und lernt so fast beiläufig die Stimm- und Gertensignale kennen.

Auch der Appell lernt sich leichter, wenn das Kumpelpferd vorangeht!

Wendungen sollten mit jungen Pferden immer nur im Schritt und vor allem sehr ruhig ausgeführt werden.

Ich bitte Starlight herein. Er zögert, erkennt die Geste aber schon aus seinen Round-Pen-Stunden mit Shadow und kommt vertrauensvoll herein.
Zwei Wochen später hat Starlight an Sicherheit und Haltung im Round Pen gewonnen und beginnt, in schöner Vorwärts-Abwärts-Dehnung zu laufen.

Round Pen alleine

Nehmen Sie sich ruhig zwei bis drei Wochen Zeit für die Round-Pen-Arbeit mit dem Kumpelpferd. Und auch während des fortschreitenden Trainings kann solch eine Tandem-Round-Pen-Session immer mal wieder zur Abwechslung eingelegt werden. Besonders wenn das Kumpelpferd Ihr Erstpferd ist, können Sie es durch gemeinsame Arbeit mit dem Junior davon überzeugen, dass es eine sehr wichtige Aufgabe zu erfüllen hat und dass Sie beide Pferde gleich gern haben. Eifersucht entsteht so erst gar nicht oder kann kuriert werden.

Dennoch wird das erste Mal ohne Kumpel für Ihren Junior etwas seltsam sein. Sehen Sie es dem Jungpferd dann ein wenig nach, wenn es nun nicht mehr so schnell auf Ihre Signale reagiert wie zuvor mit Kumpel. Es hat nun niemanden mehr, an dem es sich orientieren kann, und muss sich das erste Mal komplett auf Sie konzentrieren. Da junge Pferde sich kaum länger als fünf Minuten am Stück konzentrieren können, sollten Sie bei 20 Minuten Round-Pen-Arbeit immer wieder zwischen den einzelnen Lektionen ausgedehnte Schrittrunden einlegen, in denen Ihr Junior nachdenken und sich entspannen kann.

Übertreiben Sie es insgesamt nicht mit der Round-Pen-Arbeit. Zwei- bis dreimal wöchentlich mit ausgedehnten Weidepausen dazwischen und auch Tagen, an denen Sie Ihren Junior einfach nur herausholen, putzen, füttern und wieder wegstellen – das reicht völlig!

Führen

Auch das Führen muss dem jungen Pferd beigebracht werden Hierzu benötigen Sie einen drei bis vier Meter langen Bodenarbeitsstrick sowie Handschuhe, feste Schuhe und natürlich ein gut passendes Halfter. Auch beim Führtraining ist zu bedenken, dass junge Pferde sich kaum mehr als fünf Minuten am Stück konzentrieren können. In punkto Energieüberschuss bietet sich das Führtraining im Anschluss an die Round-Pen-Arbeit an. Übertreiben sollte man es am Anfang natürlich nicht!

Während der ersten Trainingseinheiten sollten Sie einfach nur darauf achten, dass Ihr Junior mit seiner Schulter nicht vor die Ihre kommt. Hierzu kann es zu Beginn sehr hilfreich sein, eine Gerte mitzunehmen und diese bei allzu forschen Naturen einfach dann und wann vor der Nase auf und ab zu bewegen. Die Gerte kann ebenfalls dazu dienen, Bummelanten zum Weitergehen zu animieren. Niemals (!) darf jedoch das Jungpferd mit der Gerte geschlagen werden! Wenn Sie die Aufmerksamkeit Ihres Sprösslings erlangen wollen, lassen Sie die Gerte einfach dicht neben ihm hinuntersausen. Das Geräusch wird ihn gleich wieder hellwach machen.

Sollte das Jungpferd dazu neigen, Sie zu überholen – was meistens der Fall ist – so versuchen Sie nicht, es wieder zurückzuschieben. Machen Sie stattdessen einfach eine sehr schnelle Wendung auf der Stelle um 360 Grad und gehen Sie dann forsch weiter. In dieser Wendung ist das Pferd mit seinen vier Beinen dazu gezwungen, einen größeren Kreis zu gehen als Sie und wird so automatisch wieder hinter Ihnen sein. Wiederholen Sie diese Übung so lange, bis das Jungpferd sich mit seinem Platz hinter Ihrer Schulter abfindet. Folgt es Ihnen dann einmal brav zehn Meter, so loben Sie es ausgiebig mit Stimme und Hand!

Die ersten richtigen Führversuche sollten Sie im Round Pen oder auf dem Reitplatz machen, denn die Bande bietet dem jungen Pferd eine wichtige Orientierungshilfe und vor allem Ihnen die nötige Sicherheit. Falls der Junior nämlich die Idee hat, einfach allein loszustürmen, kommt er bei verschlossenen Türen ja nicht weit.

Einfach nur brav hinter dem Menschen herlaufen? Das sieht einfacher aus, als es ist!

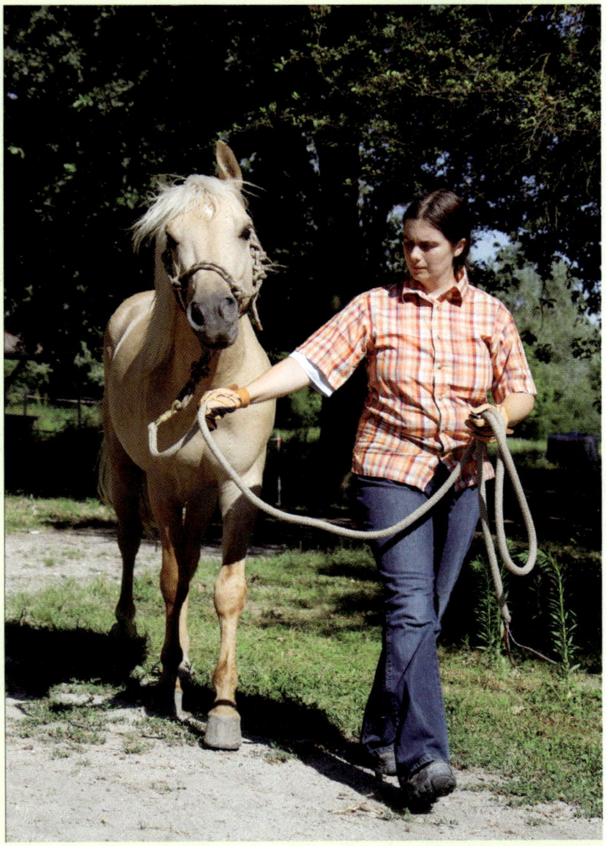

Starlight lernt, auf das Kommando „Steh!" hin Wurzeln zu schlagen. Natürlich ist dies zu Beginn nicht leicht …

Auch das Stillstehen mit Mensch an der Seite muss früh genug geübt werden.

Stillstehen

Die bei jungen Pferden wohl unbeliebteste Übung ist das Stillstehen. Es bedarf großer Geduld und viel Zeit, ehe ein junges Pferd einige Sekunden ruhig auf allen Vieren stehen bleiben kann, wo Sie es wollen – und nicht dort, wo das Pferd es will!

Das Stillstehen üben Sie am besten anfangs auch auf einem Reitplatz an der Bande. Gehen Sie zunächst im normalen Schritt eine Weile, ehe Sie dann beginnen, fünf Meter vor dem Haltepunkt Ihre Schritte zu verlangsamen. Da das junge Pferd ja bereits gelernt hat, sich Ihnen in dieser Hinsicht anzupassen, wird es nun auch die eigenen Schritte verlangsamen. Den letzten Schritt vor dem gewählten Haltepunkt machen Sie extrem deutlich, geben das Stimmkommando „Whoa" und beenden überdeutlich den letzten Schritt. Die Gerte kann in diesem Moment wie eine Schranke vor die Brust des Pferdes gehalten werden. Wenn es anhält (es kann auch noch ein bis zwei weitere zögerliche Schritte machen!), loben Sie es ausgiebig, geben ihm auch ruhig eine kleine Leckerei. Streicheln Sie das Jungpferd einige Sekunden und geben Sie dann ebenso deutlich wieder das Kommando zum Antreten und machen Sie hierbei den ersten Schritt auch wieder überdeutlich.

Später soll das junge Pferd ja auch das korrekte Aufstellen für eventuelle Pferdeschauen lernen – oder auch nur ganz banal bei einer Untersuchung beim Tierarzt stillstehen. Als Vorbereitung für die Halter-Prüfungen der Westernpferde ist das korrekte Aufstellen des Pferdes ebenfalls eine gute Übung.

Hierzu halten Sie das Pferd in oben beschriebener Weise an, treten dann aber vor das Pferd, heben eine Hand hoch und weichen

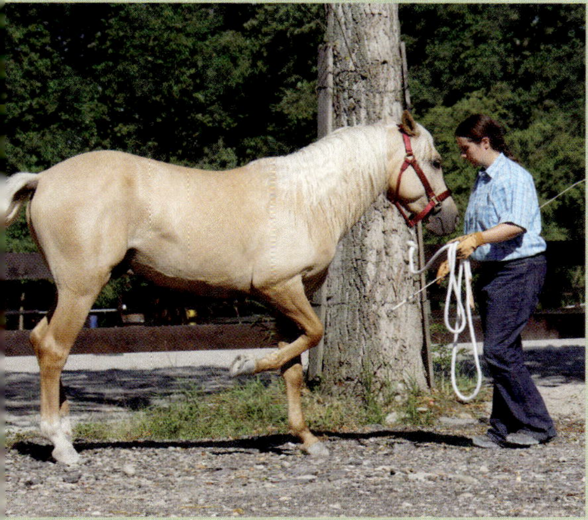

Bis das korrekte Aufstellen klappt, erfordert es einiges an Arbeit.

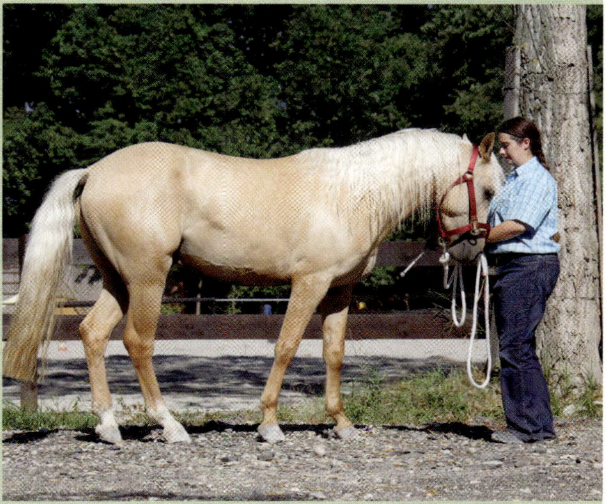

Erwarten Sie nicht gleich zu Beginn kleine Wunder. Geben Sie Ihrem Junior Zeit, seine Beine zu sortieren.

Starlight steht das erste Mal in seinem Leben korrekt aufgestellt an der Hand.

einen Schritt zurück. Das Stimmkommando „Bleib!" sollte sehr deutlich, aber immer noch ruhig gesagt werden. Bleibt Ihr Junior stehen, gehen Sie gleich wieder einen Schritt auf ihn zu, loben ihn ausgiebig und geben ihm bei den ersten Übungseinheiten auch ruhig dann und wann eine kleine Motivationsleckerei. Beim nächsten Mal weichen Sie dann zwei Schritte nach hinten aus. Sobald auch das gut funktioniert, gehen Sie noch weiter rückwärts, bis Sie nur noch das Strickende in der Hand halten und der Junior brav stehen bleibt.

Ein korrektes Aufstellen ist das nun zwar noch nicht, und für die Prüfung „Showmanship at Halter" fehlt auch noch einiges – aber Tierarzt und Hufschmied werden Ihnen auch diese Anfänge in jedem Fall danken!

Anbinden

Auch das Anbinden sollte man einem jungen Pferd in Ruhe beibringen. Binden Sie Ihren Junior nicht einfach drei Stunden an und lassen ihn allein, ganz nach dem Motto: „Da muss er jetzt durch!" Auch hier sollte man schrittweise vorgehen und die Anbindezeit von anfangs wenigen Sekunden minutenweise auf eine normale Anbindezeit von bis zu 30 Minuten ausdehnen. Zu Beginn kann man nebenan in gebührendem Abstand wieder das Kumpelpferd anbinden, damit der Junior sieht, dass ihm auch hier nichts Schlimmes geschehen wird.

Ein junges Pferd sollte man außerdem nie an einem zu langen Seil anbinden. Die Gefahr, dass es steigt und sich dabei im Seil verhed-

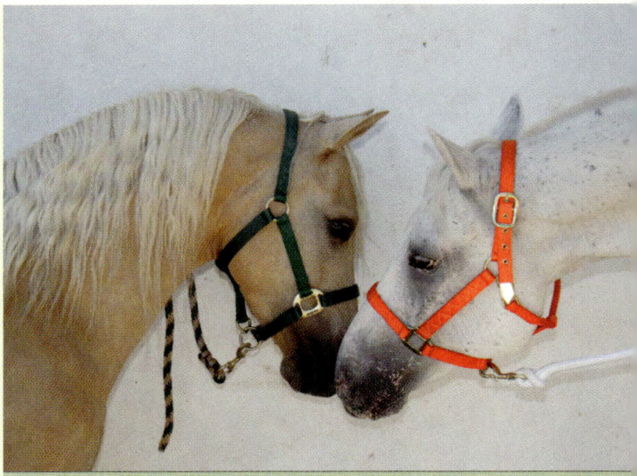

Shadow gibt Starlight beim ersten „richtigen" Anbinden etwas mentale Unterstützung.

Kaum ist Shadow aber am nächsten Tag außer Sichtweite, merkt der kleine Mann, dass er nicht hinterher kann – und regt sich natürlich erst einmal auf!
Aber da die Wand noch dicker ist als Starlights Dickkopf, fügt er sich dann doch in sein Schicksal – wofür wir ihn nach dem Foto natürlich ausgiebig lobten.

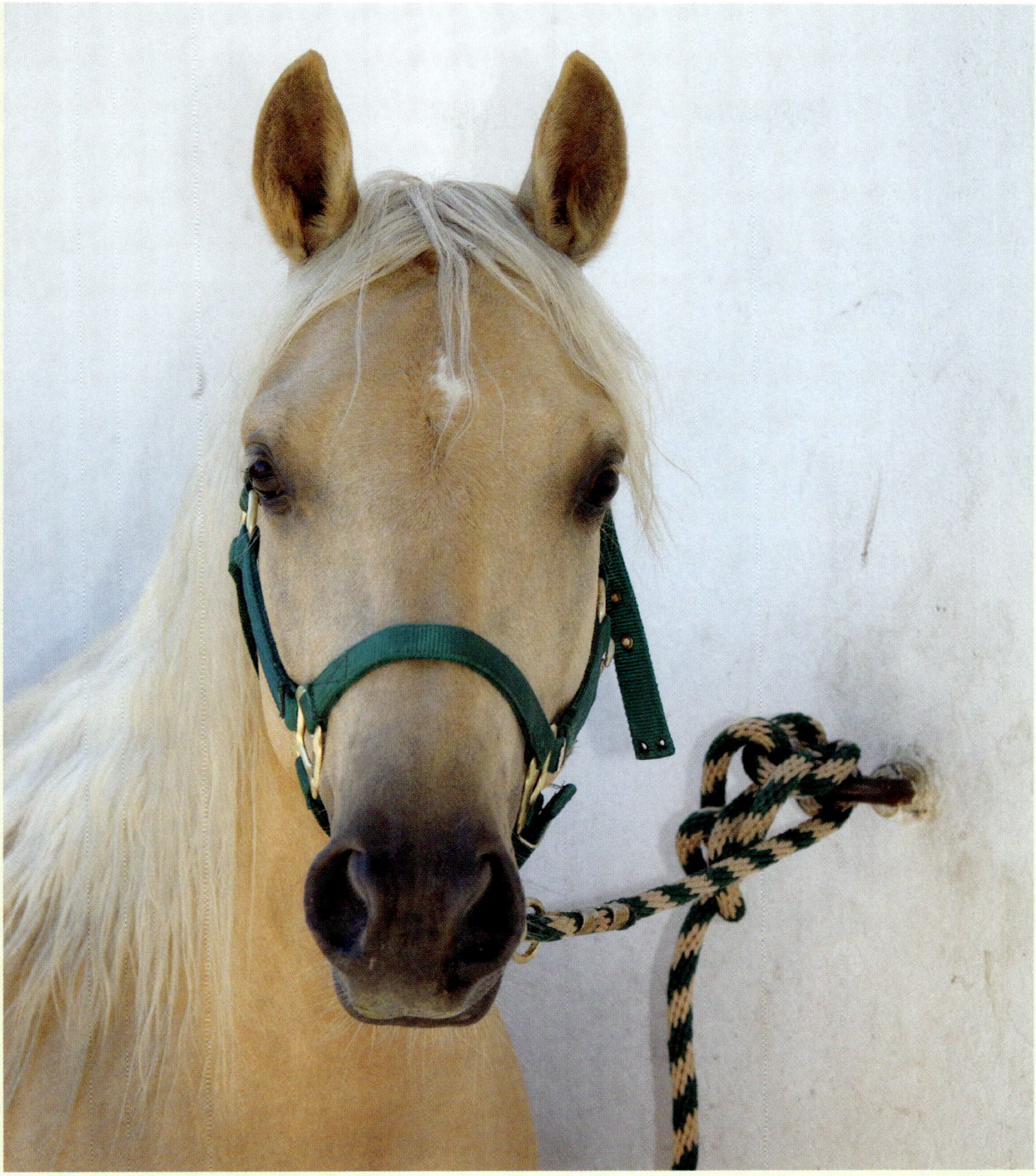

Jungpferde sollte man immer mit einem weichen Halfter mit breitem Genickteil anbinden. Eine stabile Anbindevorrichtung (hier in die Wand eingemauert) und das möglichst kurze Anbinden mit Sicherheitsknoten verstehen sich von selbst.

dert, ist anfangs recht groß! Zum Anbinden sollte man stets nur ein Seil mit Sicherheitshaken (einfacher Panikhaken oder Dreh-Panikhaken) verwenden sowie einen Sicherheitsknoten, der sich im Notfall immer mit einem Griff lösen lässt. Das Halfter sollte stabil und sehr breit sein, idealerweise mit weichem Polster unterfüttert, damit sich das Pferd bei einem ruckartigen Ziehen nicht im Genick verletzen kann.

Bevor ich Starlight bürste, streichele ich ihn mit der Hand, dann folgt eine weiche Bürste nach.

Auf diese Weise arbeite ich mich über den ganzen Pferderücken.
Bei etwas sensiblen Zonen wird natürlich erst wieder mit beruhigenden Worten vorgestreichelt, ehe dann die Bürste folgt.

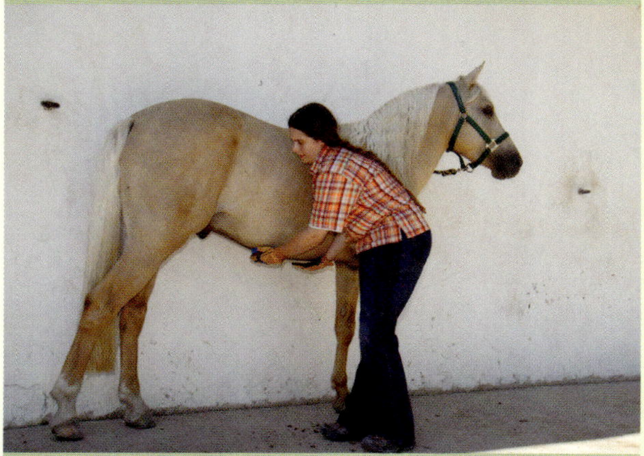

Putzen

Junge Pferde, die frisch von der Absetzerweide kommen, kennen oft die Vielfalt an Putzzeug noch nicht und werden auch dem Putzen als solches zu Beginn etwas skeptisch gegenüberstehen. Zeigen Sie Ihrem Junior daher erst einmal jedes Utensil, mit dem Sie ihm zu Leibe rücken wollen. Damit er dann vor dem ungewohnten Gefühl der Bürste keine Angst bekommt, können Sie zunächst immer mit der freien Hand vor- oder nachstreicheln: Streichen Sie dazu mit der freien Hand über das Pferd und ziehen Sie dann mit der anderen Hand die Bürste hinterher. Dann streichelt wieder die freie Hand, dann wieder die Bürste. Nach und nach „streichelt" die Bürste dann immer mehr, die Hand immer weniger. Erarbeiten Sie sich auf diese Weise den ganzen Körper des Pferdes.

Hufe geben

Junge Pferde haben oft immense Gleichgewichtsprobleme, da sie sich noch im Wachstum befinden und dieses oft in Schüben vonstatten geht. Daher geben sie nur sehr ungern die Hufe, da sie ernsthaft befürchten umzufallen. Um dies unter allen Umständen zu vermeiden und um dem jungen Pferd auch die nötige Sicherheit zu geben, sollte man beim Hufegeben anfangs nicht gleich verlangen, dass das Bein wirklich weit hochgehoben wird. Vielmehr sollten Sie sich zu Beginn damit begnügen, wenn das Jungpferd das Bein anhebt, etwa 30 Zentimeter über dem Boden in Ihrer Hand lässt

Auch wenn Starlight längst beschlagen ist und das Hufegeben kennt, gehe ich immer noch langsam und behutsam vor.

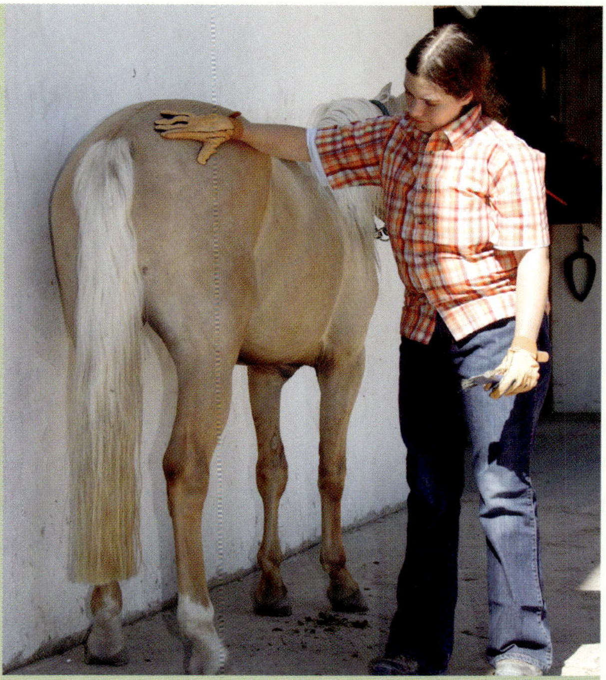

Besonders beim Aufheben der Hinterhand ist Vorsicht geboten. Streichen Sie dem Pferd erst einmal als „Vorwarnung" über den Rücken und die Kruppe hinunter und bitten Sie es dann sanft, das Bein zu heben.

und nicht herumzappelt. Auch bei dieser Übung sollte man sich anfangs mit wenigen Sekunden begnügen und die Zeitspanne nur langsam ausdehnen. Achten Sie auch darauf, dass das Pferd mit einer Seite komplett an einer Wand steht. So kann es sich ein wenig an die Wand lehnen, um nicht die Balance zu verlieren.

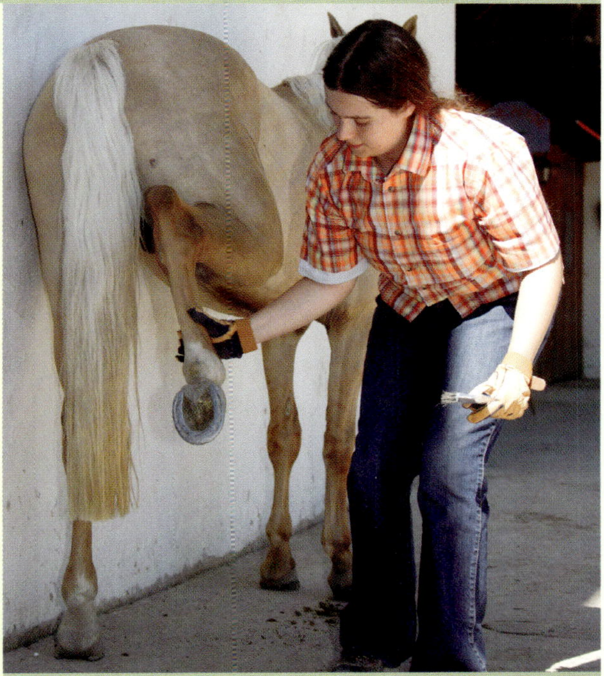

Junge Pferde haben noch kein gutes Gleichgewichtsgefühl und haben gerade beim Heben der Hinterbeine Angst davor umzufallen. Man kann deutlich erkennen, wie Starlight sich an die Wand lehnt, um Balance zu finden. Hier ist Geduld gefragt!

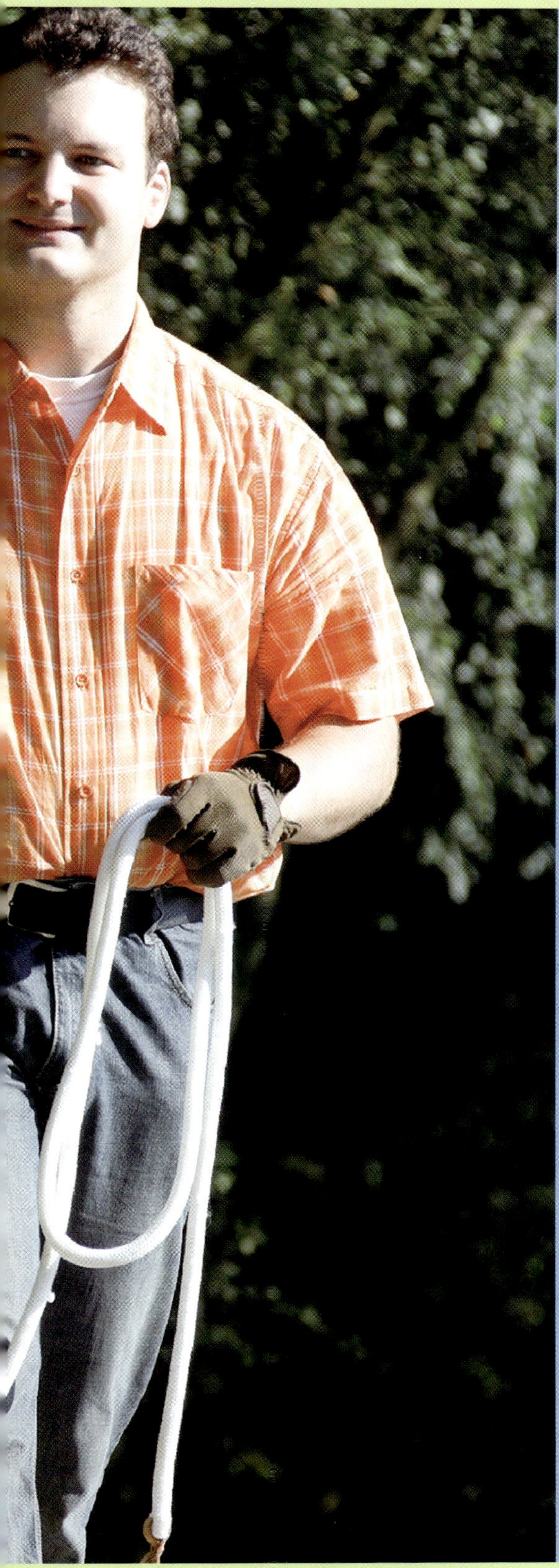

Die Vorschule

Nachdem nun im Round Pen bereits „ohne alles" eine gute Basis gelegt wurde und das Jungpferd beginnt, Vertrauen zum Menschen zu fassen, kann nun mit der fortführenden Arbeit begonnen werden. Schritt für Schritt führen wir das Jungpferd an die vielseitige Welt des Longierens heran. Durch das Longieren kann man einem jungen Pferd helfen, Takt und Balance zu entwickeln, und außerdem gezielt schon jene Muskeln aufbauen, die es später beim Anreiten brauchen wird.

Longieren im Round Pen

Da Ihr Jungpferd bereits mit der Arbeit im Round Pen vertraut ist, sollten Sie auch das Longieren zunächst im Round Pen beginnen. Dies hat zum einen den Vorteil, dass dem Pferd durch den runden Hufschlag bereits die Zirkellinie vorgegeben wird. Zum anderen erleichtert der Round Pen dem jungen Pferd jetzt die Konzentration. Und da das Jungpferd bereits in den vorherigen Übungen im Round Pen feststellen konnte, dass ihm hier nichts Schlimmes droht, wird es nun auch den ersten Runden an der Longe mit Gelassenheit entgegensehen.

Spätestens jetzt ist auch der Zeitpunkt gekommen, an dem Sie sich nach guten Reithandschuhen umsehen und diese auch konsequent beim Longieren oder späteren Spaziergang tragen sollten. Denn wenn Ihr Junior Ihnen mal unabsichtlich durch einen wilden Hüpfer oder eine kleine Panikattacke Brandblasen an den Händen beschert, fallen Sie mindestens vier Tage für das Training aus – womit dann keinem von beiden wirklich geholfen ist.

Bevor Sie die Longe anlegen, arbeiten Sie zunächst auf die bereits bekannte Weise mit Ihrem Jungpferd alleine im Round Pen. Zehn Minuten sind hierbei völlig ausreichend, in denen das Pferd gegen Ende auch Gelegenheit haben sollte, sich im Trab zu bewegen. Lassen Sie das Pferd dann zu sich nach innen kommen, loben Sie es und zeigen ihm die Longe. Streicheln Sie das Jungpferd mit der Longe einige Male, ehe Sie diese in den unteren Ring des Halfters einhaken.

Dann schicken Sie Ihr Pferd mithilfe deutlicher Körpersignale und einer Longierpeitsche wieder auf den Hufschlag und lassen es einfach einige Runden im Schritt gehen. Auf diese Weise hat das Jungpferd Gelegenheit, sich an das neue Gefühl zu gewöhnen. Dieses erste Longieren sollte nicht länger als fünf Minuten dauern und auf beiden Seiten erfolgen. In der nächsten Trainingseinheit verkürzen Sie dann die Dauer des Freilaufens um fünf Minuten und verlängern dafür das Longieren auf insgesamt zehn Minuten. Arbeiten Sie das Pferd hierbei in beide Richtungen jeweils fünf Minuten, hiervon vier im Schritt und eine im Trab. Zum Wenden bitten Sie das Jungpferd wieder zu sich herein und longieren es dann auf der anderen Hand wieder hinaus. Wenn das Jungpferd auch diesen Ausbildungsschritt gelassen hinnimmt und beginnt, sich an der Longe vorwärts-abwärts zu dehnen, können Sie in der dritten Trainingseinheit auch einen kurzen Galopp auf beiden Seiten abfragen.

Nach diesen drei Tagen, zwischen denen immer ein Tag Weidepause zum Nachdenken sein sollte, gönnen Sie Ihrem Junior eine mehrtägige Longierpause, damit er nicht die Lust verliert. Während dieser drei bis vier Tage sollten Sie sich vornehmlich außerhalb des Round Pens mit Ihrem Jungpferd beschäftigen – vielleicht üben Sie mal wieder ausgiebig das Hufegeben und Putzen? Auf keinen Fall darf das Jungpferd beginnen, den Round Pen als schlecht oder anstrengend zu empfinden; dies würde die weitere Ausbildung sehr erschweren!

Nach der Pause beginnen Sie dann – immer noch am gut sitzenden Stallhalfter! –, Ihrem Junior die Basislektionen des Longierens im Round Pen nahezubringen:

- Hinauslongieren auf beiden Seiten
- Übergang vom Schritt in den Trab
- Übergang vom Trab in den Galopp

- Übergang vom Galopp in den Trab
- Übergang vom Trab in den Schritt
- Übergang vom Schritt zum Anhalten
- Antreten aus dem Halten

Wenn diese Übungen nach einigen Trainingseinheiten ebenfalls ruhig und willig ausgeführt werden, beginnen Sie, das Pferd von der Bande zu lösen, indem Sie den Radius des Zirkels durch Annehmen der Longe langsam kleiner werden lassen. Hierbei muss man natürlich darauf achten, diesen Kreis nicht zu klein werden zu lassen, da dies sehr schädlich für die jungen Pferdebeine sein kann. Es genügt völlig, wenn Ihr Jungpferd sich auf dem dritten Hufschlag bewegt und nun beginnt, selbstständig die Zirkellinie einzuhalten. Glückt auch diese Lektion, können Sie zum Longieren auf dem Reitplatz übergehen.

Longieren auf dem Reitplatz

Wenn Sie Ihren Junior das erste Mal auf dem Reitplatz longieren, ist es sehr von Vorteil, wenn sich keine anderen Pferde und kein störendes zweibeiniges Zaunvolk in der Nähe aufhalten. Andere Pferde würden Ihren Junior zu sehr ablenken, und schnippische Kommentare von der Bande sicherlich auch Sie!

Der erste Longierversuch sollte immer noch am Halfter stattfinden, da das Jungpferd ja noch keine Trense kennt. Wer es lieber etwas klassischer mag, kann sich auch einen guten Kappzaum zulegen, der in der späteren Ausbildung des Pferdes noch gute Dienste leisten

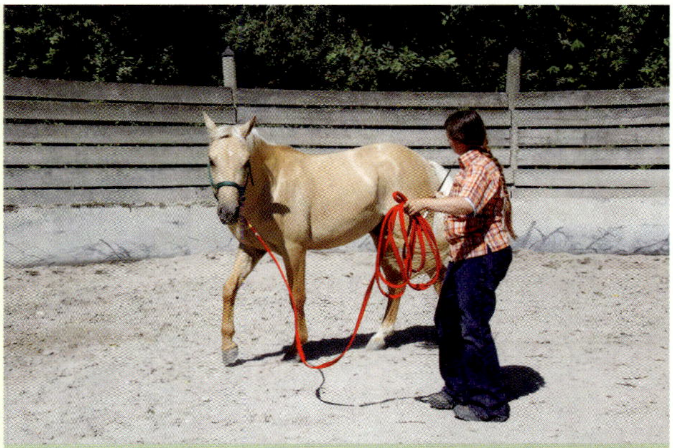

Etwas verunsichert durch die rote Leine an seinem Halfter „wackelt" Starlight Richtung Hufschlag. Ich lasse ihn aber nicht ganz hinaus, sondern halte ihn etwa auf dem dritten Hufschlag.

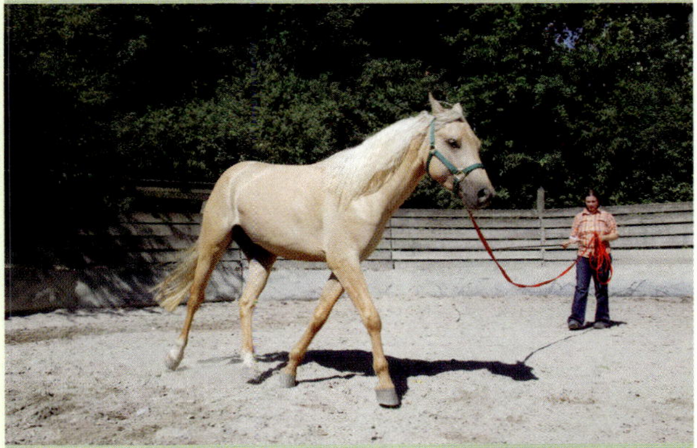

Nach einigen ruhigen Runden hat er sich an die Longe gewöhnt und wir wagen einen Trab.

Schon bald lässt sich Starlight nicht mehr von der Longe stören und beginnt, sich wieder vorwärts-abwärts zu dehnen, wofür ich ihn ausgiebig lobe!

Nachdem Starlight in beiden Richtungen und in allen Gangarten die Longe akzeptiert und auch auf dem dritten Hufschlag bleibt, halte ich ihn an und bitte ihn herein.

Er zögert, immer noch etwas verunsichert von der Longe, …

… kommt dann aber doch brav in die Mitte, um sich seine Streicheleinheit abzuholen!

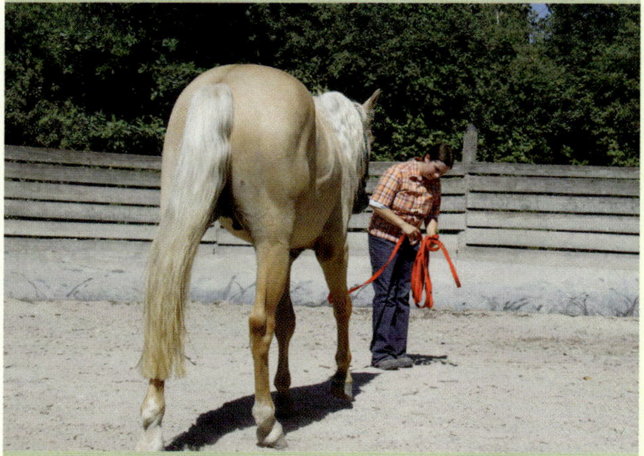

kann. Ein guter Kappzaum kostet allerdings über 100 Euro – und hier sollte man nicht sparen! Der Kappzaum hat dem Halfter gegenüber natürlich den Vorteil, dass er wesentlich genauer und deutlicher wirkt. Auch die Anschaffung einer guten Longierpeitsche von mindestens drei Metern Länge mit vier Meter langem Schlag ist nun ratsam.

Longieren Sie Ihr Jungpferd nun auf die gewohnte Weise hinaus auf die Zirkellinie. Wenn Sie einen freundlichen Reitkollegen haben, der Ihnen auch weiterhin bei der Ausbildung Ihres Juniors zur Hand geht, so könnte dieser jetzt das Jungpferd an dessen Außenseite die ersten beiden Schrittrunden auf der Zirkellinie einfach begleiten und als mentale Stütze fungieren. Dann aber sollte sich der Helfer wieder zurückziehen und nur noch einschreiten, wenn Gefahr im Verzug ist.

Wenn Sie Ihr Jungpferd das erste Mal auf dem Platz longieren, ist es des Weiteren ratsam, es vorher 15 Minuten im Round Pen zu arbeiten, wovon mindestens zehn Minuten im Schritt erfolgen müssen, um die Gelenke und Muskeln auf Betriebstemperatur zu bringen. Die verbleibenden fünf Minuten können Sie Ihren Junior dann auch traben lassen, damit er seine Energie ein wenig abbauen kann. Ein Vorteil der vorhergehenden Round-Pen-Arbeit liegt darin, dass das Pferd Sie nun auch an diesem Tag schon als Chef akzeptiert, bevor Sie überhaupt mit etwas Neuem beginnen. Dies minimiert die Gefahr, dass das Pferd sich auf dem Reitplatz selbstständig macht.

Das erste Longieren auf dem Reitplatz entspricht mit dem nun nachfolgenden Programm wieder genau den Phasen des Longierens im Round Pen. Wenn Sie dann in der Endphase

Starlight ist mittlerweile so brav und sicher auf dem Reitplatz, dass man auch mal einen kleinen Galopp wagen kann.

nach einigen Wochen (mit vielen Weidepausen!) an dem Punkt angekommen sind, an dem Ihr Jungpferd ruhig auf Kommando in alle Gangarten wechselt und sich auch wieder zurücknehmen lässt, können Sie schon bald zum klassischen Longieren übergehen.

Weiterführendes Longieren

Junge Pferde mit allerlei Hilfsriemen in die gewünschte Haltung zu schnüren lehne ich konsequent ab! Ich ließ meinen beiden Pferden gerade zu Beginn ihrer Ausbildung die Chance, sich selbst auszubalancieren, und verwende bis heute Hilfszügel wie Chambon, Laufferzügel und Dreieckszügel nur wenige Male pro Jahr – wenn überhaupt.

Das Longieren nach den Richtlinien der FN jedoch ist eine sehr gute Vorbereitung auf das Reiten – auch die Doppellongenarbeit kann man bereits mit einem ungerittenen Jungpferd schonend beginnen. Beide Arten des Longierens und auch die Fahrschule an der Hand können Ihren Junior körperlich und geistig für seine spätere Aufgabe als Reitpferd fit machen.

Wenn Sie das Jungpferd dann später an das Gebiss gewöhnt haben, spricht nichts gegen das fachgerechte Longieren an der Trense. Wer jedoch das junge Pferdemaul noch eine Weile schonen und jetzt schon direkt ans klassische Longieren gehen will, dem kann ich nur wieder den Kauf eines wirklich guten Kappzaums und Longiergurtes mit möglichst vielen Ringen empfehlen. In den „Richtlinien Reiten und Fahren Band 6" der FN findet man ein schlüssiges, leicht nachzuarbeitendes Ausbildungssystem an der Longe, Doppellonge und sogar eine Einführung in die Fahrschule am Boden und die Arbeit am langen Zügel.

Spaziergang mit Kumpelpferd

Ihr Junior hat in den letzten Wochen schon im Groben die Benimmregeln gegenüber Menschen kennengelernt. Der Feinschliff folgt zwar erst noch bei der Arbeit an der Hand, doch nun ist es auch wieder an der Zeit für Lektionen, die Ihrem Junior Spaß machen.

Es geht nun darum, die Umgebung seiner neuen Heimat auf ausgedehnten Spaziergängen zu erkunden! Auf diese Weise kann das Jungpferd an der Seite seines vierbeinigen Kumpels schon einmal verschiedenen Umweltreizen ausgesetzt werden und erkennen, dass beispielsweise Traktoren zwar Krach machen, aber nichts tun. Gerade wer später ein zuverlässiges Geländepferd haben will, mit dem der Ausritt auch Spaß macht, tut nun gut daran, sich ein paar gute Wanderschuhe, wetterfeste Kleidung und wieder einen sehr netten Helfer zuzulegen. Natürlich sollten auch jetzt beide Personen zur Sicherheit Handschuhe tragen.

Kaum gedacht, schon geschehen: Das erste Mal hatte ich die Handschuhe beim Führen vergessen – und prompt probte Starlight den Zwergenaufstand!

Nach dem kleinen Chaos auf dem Bild zuvor ging es dann doch recht gesittet weiter – aber fragen Sie lieber nicht, wie meine Hand sich nach Starlights kleiner Hüpfattacke anfühlte.

Manche Versicherungen sind etwas seltsam, was das Führen von Pferden anbelangt – es soll noch Versicherungen geben, die sich weigern zu zahlen, wenn ein am Halfter geführtes Pferd einen Schaden verursacht! Bei manchen Versicherungen besteht auch beim Führen Gebisspflicht. Klären Sie dies also sicherheitshalber lieber vor dem ersten Spaziergang ab, und wenn die Versicherung auf das Metall im Maul besteht: Es gibt noch andere gute Versicherungen ...

Ich nutzte Starlights Spazierphase auch dergestalt, dass ich meinen Lebensgefährten auf diese Weise mal wieder ans Pferd bringen konnte. Schließlich konnte ich nicht beide Pferde gleichzeitig führen – und welcher Mann lässt sich schon das Angebot durch die Lappen gehen, einmal selbst Pferdeflüsterer zu spielen? So waren wir an vielen Wintertagen dann zu viert unterwegs, Starlight lernte die Umgebung kennen, und wir stellten sogar fest, dass er wesentlich mutiger als Shadow war. Witzigerweise war es nämlich immer Starlight, der dann in den „gefährlichen Situationen" – wie der Konfrontation mit einem Holzhaufen – vorausmarschierte! Wer viel mit seinem Jungpferd spazieren geht, der wird nicht nur automatisch fit und tut etwas für seine Gesundheit, sondern lernt auch die Wesenszüge seines Juniors besser kennen.

Ingo und Starlight marschieren Richtung große weite Welt – und kommen sogar beide freudestrahlend zusammen nach einer halben Stunde zurück.

Spaziergang alleine

Der erste Spaziergang alleine ist auch nach zwei Wochen regelmäßiger Touren mit dem Kumpelpferd dann doch ein großes Abenteuer für ein junges Pferd. Anfangs ist es hierbei auch ratsam, zumindest wieder den freundlichen Helfer, den das Jungpferd ja nun auch eine Weile kennt, mitzunehmen. So kann man den Junior einfach in die Mitte nehmen und ihm dadurch ein Gefühl von Sicherheit vermitteln. Hierbei empfiehlt sich nun der Kauf eines stabilen Stallhalfters, das es erlaubt, seitlich zwei Stricke einzuhängen. Zum Führen sollten

Sie immer mindestens drei Meter lange Bodenarbeitsstricke verwenden. Sollte Ihr Junior nämlich doch mal einen Hüpfer machen oder etwas außer sich geraten, können Sie einen Sicherheitsabstand zum Pferd einnehmen – und Sie müssen nicht ziehen! Zudem haben die längeren Bodenarbeitsstricke den Vorteil, dass Sie Ihren Junior, wenn er sich aufregt, einfach einige kleine Volten um sich herum laufen lassen können. Versuchen Sie nicht krampfhaft, das Jungpferd festzuhalten, wenn es erschrickt – das wird die Angst nur verstärken! Lassen Sie eher den Strick etwas länger und reden Sie ruhig, aber bestimmt mit Ihrem Junior. Wenn das Jungpferd wirklich Angst hat – und das wird bei den ersten Spaziergängen des Öfteren der Fall sein –, dann gehen Sie nicht einfach nur schnell an der vermeintlichen Gefahrenquelle vorbei, sondern versuchen Sie lieber, mit Ihrem Junior die Gefahr gemeinsam zu besiegen.

Bleiben Sie in der Nähe des „schlimmen Dinges" stehen und lassen Sie Ihr Pferd die Sache genau ansehen. Dann führen Sie es langsam Schritt für Schritt an die vermeintliche Gefahr heran. Loben Sie jeden Schritt nach vorn und tadeln Sie ruhig, aber bestimmt jeden Schritt nach hinten. Pferde sind von Natur aus neugierig und wollen alles genau ansehen – und auch anstupsen.

Mit meinen beiden Burschen verfahre ich bei „schlimmen Dingen" wie folgt:

1. Wegrennen gibt's nicht!
2. Wir schauen uns das Ding von mehreren Seiten in Ruhe an und bleiben eine Weile stehen.
3. Dann geht's Schritt für Schritt an das schlimme Ding heran.
4. Ich berühre das schlimme Ding zuerst. Wenn es etwas Größeres ist, setze oder stelle ich mich auch darauf und klopfe dagegen. Wenn es wackelt, lasse ich es mit Absicht wackeln und rede dabei beruhigend mit meinem Pferd.
5. Ich bewege das Pferd dazu, das schlimme Ding mit der Nase zu berühren.
6. Sobald das Pferd das schlimme Ding berührt hat, wird es gelobt, und wir ziehen in aller Ruhe von dannen – wir haben die „Drachen" schließlich besiegt!

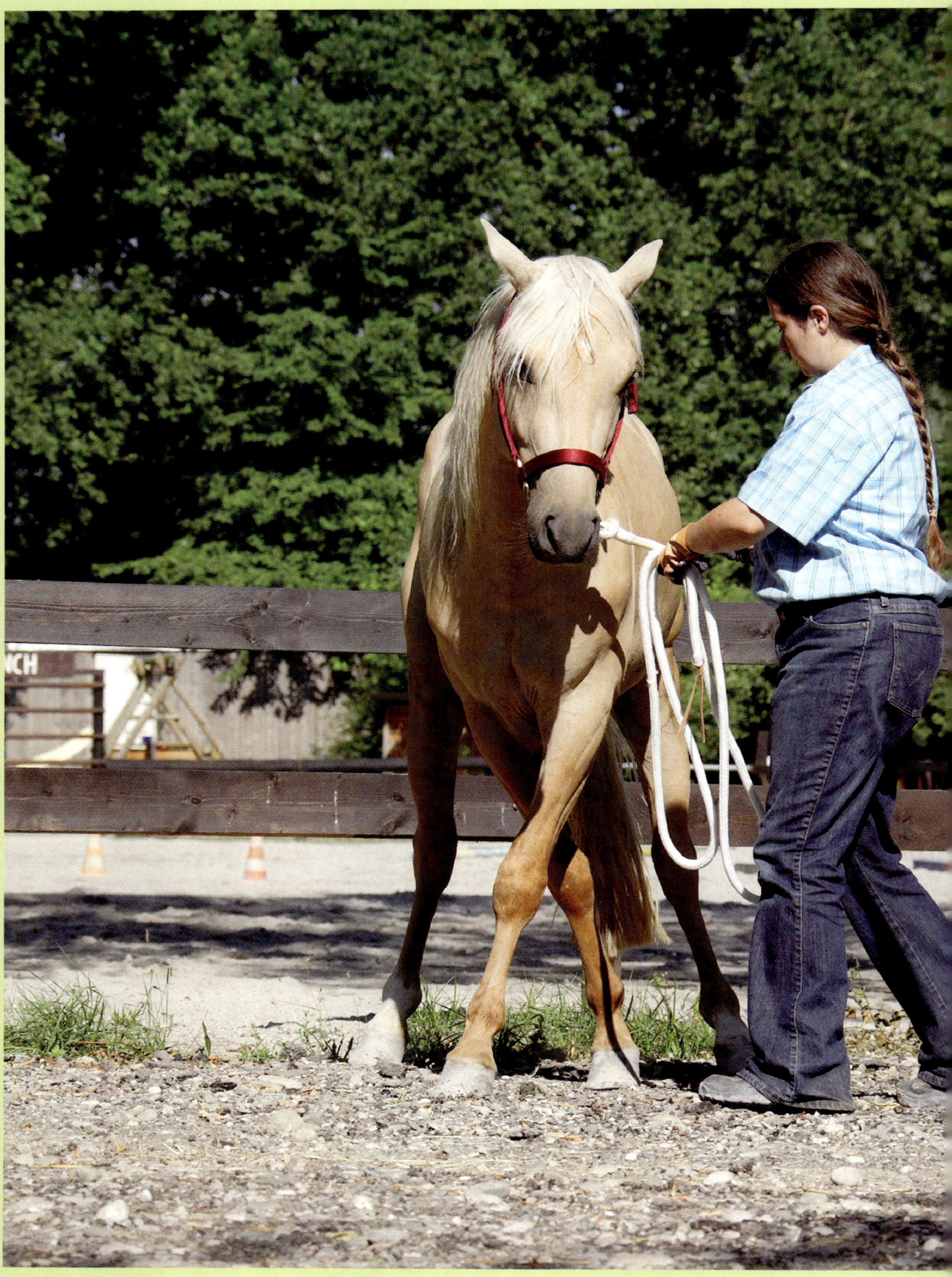

Tanz an der Hand

Ihr Junior hat in den vergangenen Monaten schon sehr viel gelernt und erlebt – und Sie sicherlich auch! In diesem Kapitel geht es an das „feine Benehmen" Ihres Juniors, der Ihnen gegenüber nun auch außerhalb des Round Pens einige Gesten der Höflichkeit zeigen sollte.
Die einfachste und auch erste Übung hierzu ist das Weichen mit der Hinterhand. Sie können nun auch beginnen, mit einem Knotenhalfter zu arbeiten. Sofern Sie das Knotenhalfter dann auch immer für die Bodenarbeit einsetzen, wird Ihr Junior schon sehr bald wissen, was los ist, wenn Sie mit diesem Halfter kommen. Die Übungen dieses Kapitels eignen sich hervorragend als kleine „Frage der Höflichkeit" vor der Round-Pen-Arbeit.

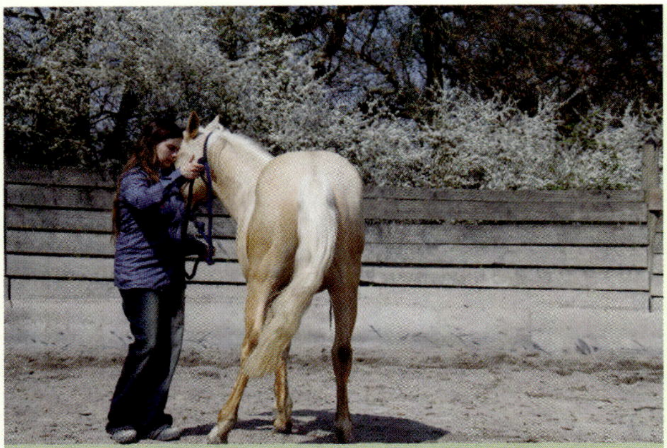

Ich hebe den Strick etwas und pendle ihn sanft in Richtung Pferdekruppe, ...

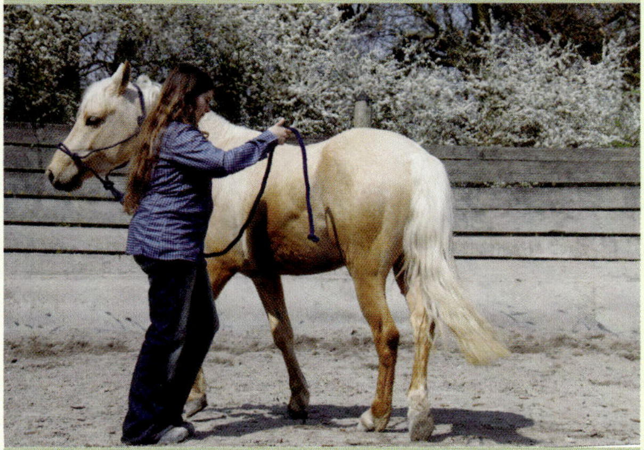

... was Starlight zum seitlichen Weichen veranlasst.

Vorn begrenze ich ihn ein wenig mit dem Strick, um ein komplettes Wegdriften zu verhindern.

Mit der Hinterhand weichen

Stellen Sie sich an den Rumpf Ihres Pferdes und nehmen Sie das Seilende in die Hand, die dem Hinterteil des Pferdes am nächsten ist. Bewegen Sie das Seilende sanft auf und ab und gehen Sie einen Schritt auf die Hinterhand zu. Der Winkel hierbei sollte 90 Grad zum Pferderumpf betragen. Respektiert Ihr Pferd Sie als ranghöher, wird es auf diese deutliche Geste die Hinterhand von Ihnen weg bewegen.

Bei etwas dickköpfigen und charakterstarken Naturen reicht aber die bloße Bewegung meist nicht aus. Da kann man dann dazu übergehen, mit dem Seil sanft an die Hinterhand zu pendeln. Bei besonders charakterstarken Vertretern könnte auch dies anfangs nicht zum gewünschten Resultat führen. Dann nehmen Sie das Seilende etwas kürzer in die Hand. Lassen Sie es wie einen Propeller kreisen und bewegen Sie sich etwas energischer auf Ihren Junior zu. Weicht es nicht aus, wie es der Respekt gebührt, wird es vom Propeller am Hinterteil getroffen. Spätestens jetzt sollte Ihr Junior die Geste verstanden haben und ausweichen. Loben Sie dann ausgiebig.

Sobald das Pferd die Wendung auf diese Weise flüssig beherrscht, gehen Sie dazu über, das gleiche Signal mit der Gerte zu geben. Hierbei halten Sie die Gerte möglichst parallel zum Pferdekörper und bewegen sie mit einer langsamen Auf- und Abbewegung auf die Hinterhand zu, bis das Pferd mit dieser weicht.

Ab einem bestimmten Punkt überkreuzen die Vorderbeine.

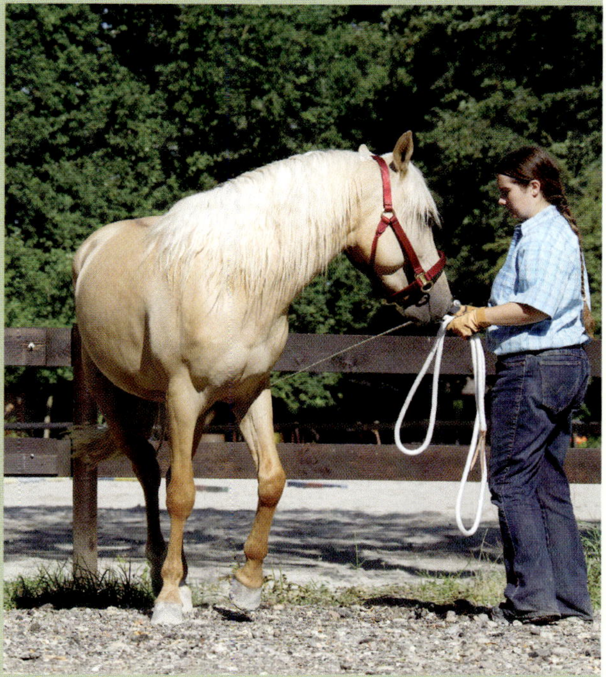

Starlight muss die Vorderbeine erst neu sortieren …

Schön gebogen geht es weiter und Starlight vollendet die Wendung ruhig und gelassen.

Mit der Vorhand weichen

Das Weichen der Vorhand ist für das Pferd wesentlich schwieriger. Deshalb sollte man für diese Lektion genügend Zeit und eine ordentliche Portion guter Nerven einplanen. Jungen Pferden fällt es oft schwer, die Vorderbeine zu kreuzen – das bringt sie etwas aus dem Gleichgewicht. Deshalb sollte man auch nie gleich eine komplette Wendung verlangen, sondern sich Schritt für Schritt an diese heranarbeiten.

Hierzu stellen Sie sich an die Schulter des Pferdes und legen eine Hand an seinen Hals. Die andere Hand legen Sie sanft über die Maulspalte. Dann bewegen Sie sich auf das Pferd zu und bitten es, dem leichten Druck Ihrer Hände zu weichen. Wenn das Pferd dabei rückwärts geht, ist das anfangs in Ordnung, denn rückwärts ist auch ein Zeichen des Respekts. Um eine Seitwärtsbewegung zu erzielen, müssen Sie dann nur schneller im Kreis laufen und den Pferdehals in die gewünschte Richtung schieben.

Später ersetzen Sie Ihre Hand durch die Gerte. Das Endziel sollte sein, dass das Pferd mit der Hinterhandwendung beginnt, wenn Sie dazu ein vorher festgelegtes Stimmkommando geben und die Gerte an seinem Hals auf- und abbewegen.

Seitlich weichen: der Side Pass

Zu Beginn bietet es sich wieder an, diese Übung mit Hilfe von Halfter, Strick und der Begrenzung durch die Bande einzustudieren.

Ich drücke sanft mit der Hand an Starlights Hals und weise ihm die Richtung.

Starlight versucht, wegzumarschieren. Ich korrigiere ihn mit einem sanften Zupfen am Halfter.

Starlight scheint nun das Prinzip verstanden zu haben.

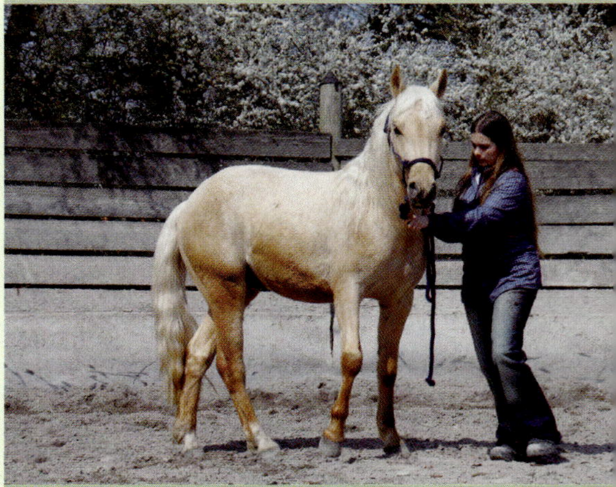

Starlight im Side Pass. In schön gerader Linie meistert er auch diese schwierige Übung sehr aufmerksam und willig.

Stellen Sie sich hierzu mit Ihrem Pferd in einem Winkel von 90 Grad zur Bande auf, sodass Sie quasi die Bande ansehen. Stellen Sie sich auf Höhe der Gurtlage und setzen Sie ein sanftes Zeichen zum Verschieben der Hinterhand. Beginnt das Pferd, die Hinterbeine zu kreuzen, helfen Sie mit der noch freien Hand am Halfter mit und schieben das Pferd wie schon im Round Pen beim Weichen der Vorhand sanft in die Bewegungsrichtung, sodass es einen kompletten Seitwärtsschritt macht. Loben Sie Ihr Pferd nun zunächst ausgiebig, ehe Sie einen zweiten Schritt erbitten. Man kann den Side Pass auch anders herum einleiten, also zunächst die Vorhand verschieben und dann die Hinterhand. Sie sollten immer erst das Weichen jener Hand zuerst einleiten, bei der Ihr Pferd sich etwas schwerer tut. So fällt es ihm dann leichter, den noch fehlenden Körperteil ebenfalls seitlich weichen zu lassen.

Wenn das Pferd die Beinfolge des Seitwärtstretens verinnerlicht hat, beginnen Sie mit dem Verfeinern der Lektion. Ihr Pferd hat ja vorher bereits gelernt, auf Antippen mit der Gerte einen Körperteil von Ihnen weg zu bewegen. Nun tippen Sie zum Einleiten des Side Pass das Pferd zunächst am Rippenbogen an. Dann nehmen Sie die Gerte wieder parallel zu seinem Körper und schieben sie auf das Pferd zu, sodass es zur Seite ausweichen wird. Gestatten Sie dem Pferd hierbei, dass es mit der Vorhand ein wenig voraus ist, denn ein Side Pass von exakt 90 Grad gleich zu Beginn ist etwas zu viel verlangt.

Üben Sie den Side Pass stets in beiden Richtungen, um das Pferd von beiden Seiten zu gymnastizieren.

Entspannt und willig tritt Starlight am losen Strick einige Schritte zurück.

Rückwärtsrichten

Viele Leute versuchen, ihre Pferde rückwärts zu ziehen. Dies endet meist damit, dass die Pferde anfangen dagegen zu ziehen und so sehr schnell merken, dass sie ja stärker als der Mensch sind.

Zum Rückwärtsrichten stellen Sie sich direkt vor Ihr Pferd und nehmen den Strick in die Hand. Er sollte aber nicht unter Zug stehen, sondern locker durchhängen. Ihr Daumen zeigt in Richtung Pferdebrust. Dann beginnen Sie mit der Hand zu „pumpen". Es ist ungefähr die Bewegung, die man macht, wenn man eine Kuh melkt oder bei der Blutabnahme beim Arzt ist und dieser sagt: „Machen Sie mal die Faust auf und zu."

Durch diese Bewegung spannt sich Ihr Arm immer in kurzen Intervallen, was das Pferd durch eine minimale Vibration des Strickes spürt – aber vor allem an Ihrer Schulter sieht. Eine angespannte Schulter oder ein angespanntes Bein bedeutet für das Pferd eindeutig: „Mach, dass du wegkommst!" Und da Sie direkt vor dem Pferd stehen, wird es nun den Weg wählen, der am direktesten von Ihnen wegführt – den Weg nach hinten!

Natürlich gibt es auch hier wieder sensible und weniger sensible Naturen. Bei denen, die auf das Pumpen nicht reagieren, hilft meist ein kurzes, zartes Zwicken mit Daumen und Zeigefinger in die Brust, bevor dann einfach weitergepumpt wird. Dieses Zwicken machen Pferde auch untereinander, wenn sie dem Gegenüber eindeutig zu verstehen geben wollen, dass es jetzt zu verschwinden hat. Sollte auch dies nicht fruchten, kann man wieder die Propellermethode einsetzen. Hierbei steht man direkt vor dem Pferd und schwingt das Seilende in einem sehr kleinen Propeller auf das Pferd zu, und zwar von oben nach unten. Dann geht man festen Schrittes auf das Pferd zu. Sollte es nun immer noch nicht weichen, wird der Propeller es an der Brust treffen. Wenn das Pferd darauf nicht reagiert, sollte man kurz die Geschwindigkeit des Propellers und damit dessen Intensität erhöhen. Sobald das Pferd dann auch nur einen kleinen Schritt nach hinten weicht, muss der Propeller umgehend weg!

Später gehen Sie auch hier dazu über, das Rückwärtsgehen mit der Gerte abzufragen. Hierbei stellen Sie sich vor das Pferd und zeigen mit dem Gertenknauf auf seine Brust. Geben Sie dann das Kommando „Back Up" und bewegen Sie die Gerte langsam von oben nach unten, während Sie auf Ihren Junior zugehen.

Was in jungen Jahren in Ruhe am Boden geübt wurde, klappt später auch ohne Stress beim Reiten.

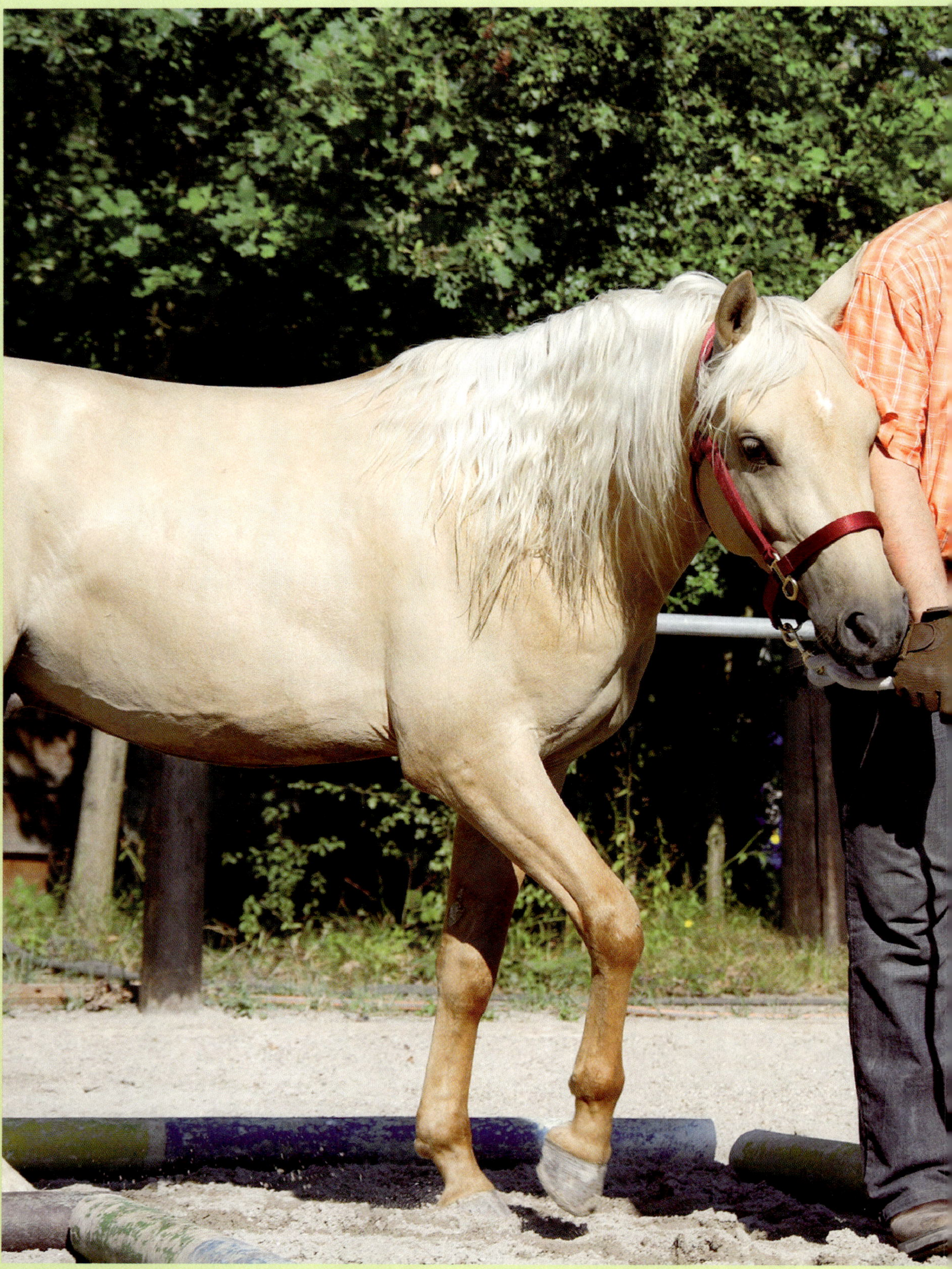

Stangen-mikado

Schaut man sich heutzutage auf einem Westernturnier einen Trail an, fragt man sich ernsthaft, was dieser Stangensalat noch mit der alltäglichen Arbeit eines Ranchpferdes zu tun haben soll.
Wenn man es jedoch nicht übertreibt und ohnehin auch vorerst keine Turnierambitionen in diese Richtung hat, kann das Jungpferd mit Trailaufgaben lernen, sich zu konzentrieren und seine vier Füße unter Kontrolle zu bekommen.
Trail an der Hand kann man schon mit recht jungen Pferden ab zwei Jahren machen. Beim Training sollte man allerdings stets bedenken, dass die maximale Konzentrationszeit eines Jungpferdes in diesem Alter bei fünf Minuten liegt. Nach diesen fünf Minuten sollte man immer die Übung zu einem guten Abschluss bringen und etwas weniger Kopflastiges wie beispielsweise einen gemeinsamen Spaziergang machen.

Beim „Schrittchen-Spiel" lernen junge Pferde zum einen, ihre Beine zu koordinieren, zum anderen aber auch, immer auf ein Signal zu warten und nicht selbst vorauszugreifen.

Schrittchen-Spiel

Um zu verhindern, dass Ihr Junior alsbald in wilder Hektik über die Stangen eilt und nach dem Motto „Ich weiß schon, was kommt" das Stangen-L nicht im Schritt, sondern im Hampelgalopp absolviert, muss er zuerst lernen, dass hier wirklich alles Schritt für Schritt vor sich geht. Ich nenne diese Geduldsübung einfach „Schrittchen-Spiel".

Zu Beginn nehmen Sie erst einmal nur eine einzige Bodenstange. Stellen Sie sich so hin, dass die Stange zwischen Ihnen und Ihrem Pferd liegt. Dann zupfen Sie sanft am Strick und geben das Kommando „Step" oder „Schrittchen". Sobald das Pferd ein Bein nach vorn setzt, erfolgt das Kommando „Whoa" und Sie loben Ihren Junior. Dann gönnen Sie sich zu Beginn mindestens zehn Sekunden Pause, ehe Sie das nächste Schrittchen, also die nächste Beinbewegung abfragen.

Auf diese Weise dirigieren Sie nun Ihren Junior „Step by Step" über die Stange. Wenn diese Übung geglückt ist, sollten Sie eine Runde auf dem Platz spazieren gehen, damit das junge Pferd wieder über das eben Gelernte nachdenken kann.

Beim nächsten Training legen Sie zwei Stangen in einem Abstand hin, der es Ihrem Jungpferd zu Beginn leicht macht, zwischen die beiden Stangen zu treten. Erst mit voranschreitendem Training können Sie den Abstand der Stangen variieren – je enger die Stangen liegen, umso schwieriger wird es fürs Pferd. Dirigieren Sie auch jetzt das Pferd Schrittchen für Schrittchen über beide Stangen, und zwar möglichst von beiden Seiten.

Als Zwischenübung können Sie mit Ihrem Junior auch mal die Stangen als Korridor benutzen, in den man hineingeht und dann stehen bleibt. Dies ist dann schon eine gute Vorübung für das nun folgende Stangen-L.

Stangen-L

Das Stangen-L ist sozusagen Pflichtlektion in jedem Westerntrail und ein unglaublich vielseitig einsetzbares Hindernis. Zu Beginn des Trainings laufen Sie einfach mit Ihrem Junior ruhigen Schrittes durch das Stangen-L hindurch. Beim zweiten Durchgang halten Sie im L auf einer der beiden Geraden an und lassen das Pferd kurz verharren. Dann geht's wieder vorwärts hinaus.

Im dritten Durchgang gehen Sie wieder durch das L, bleiben aber samt Pferd kurz vor dessen Ende stehen. Jetzt richten Sie das Pferd wie bei der Lektion Rückwärtsrichten zwei bis drei Tritte zurück. Hierbei kann man nun eine Gerte zur Hand nehmen, die das Pferd, sollte es schräg nach hinten gehen, etwas korrigieren kann. Nach den Schritten verharren Sie wieder einige Sekunden, loben dann kräftig und verlassen das Stangen-L.

In der nächsten Trainingseinheit können Sie sich daran wagen, Ihren Junior komplett rückwärts durch das L gehen zu lassen. In der Kurve werden Sie hierbei die beiden Übungen „Mit der Vorhand weichen" und „Mit der Hinterhand weichen" benötigen.

Auch ein Side Pass kann über den Stangen trainiert werden, wenngleich es hier sehr ratsam ist, diesen zunächst an einer einzelnen Stange zu üben. Glückt der Side Pass an einer einzelnen Stange, so geht man wieder an das Stangen-L und „fädelt" das Pferd so ein, dass seine Hinterhand im L steht. In der Kurve verschieben Sie nun die Hinterhand des Pferdes um 90 Grad, während die Vorhand stehen bleibt. Dann geht es im normalen Side Pass über die zweite Stange weiter.

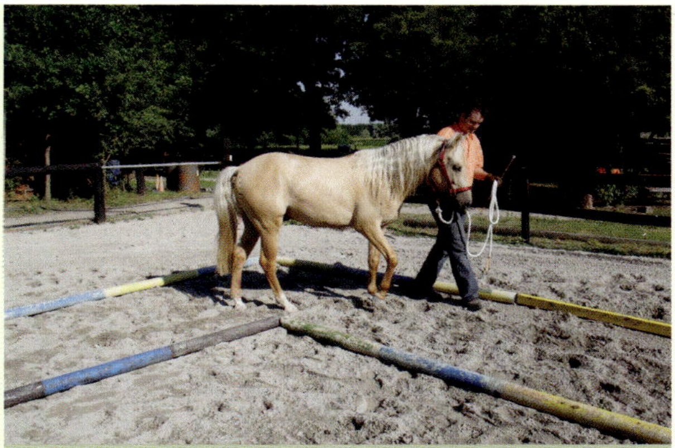

Starlight und Ingo begeben sich ins Stangen-L und gehen zuerst einmal ruhig im Schritt komplett hindurch.

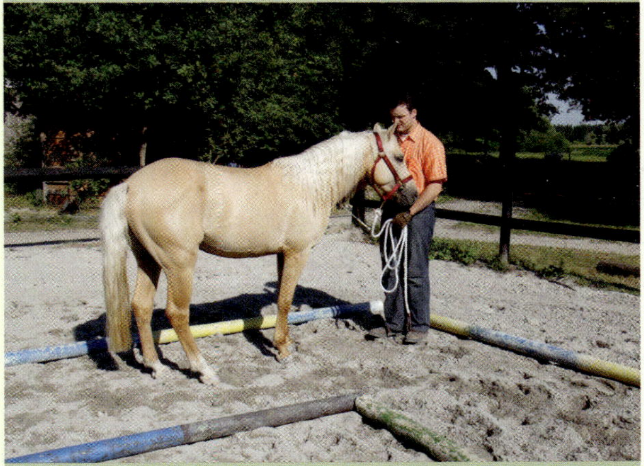

Beim zweiten Anlauf hält Ingo Starlight vor der Kurve an …

… und schickt ihn dann langsam rückwärts aus dem Stangen-L hinaus.

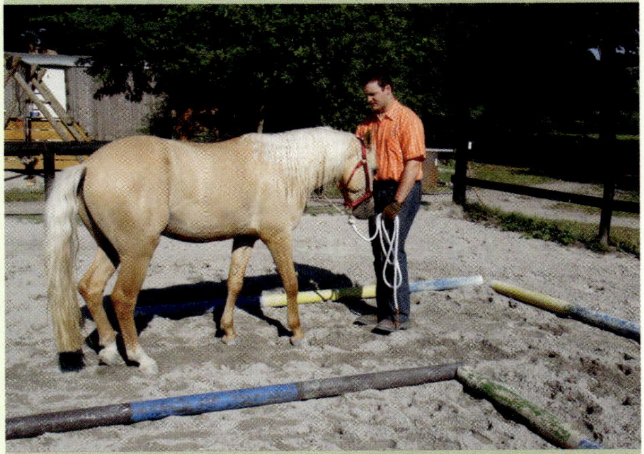

Im Stangenfächer lernt man, die Beine zu heben – und zwar Pferd und Mensch, wie man sieht …

Ingo und Starlight beim „Plyonen-Kleeblatt". Beide werden hier eine Kleeblattform um die Pylonen laufen, wie man sie auch vom Barrel Race her kennt – aber natürlich nicht im vollen Galopp, sondern im ruhigen Schritt.

Stangenfächer

Der Stangenfächer sieht zwar schön aus, ist aber ein recht tückisches Hindernis, bei dem sich auf den meisten Turnieren dann schnell die Spreu vom Weizen trennt. Es ist hier sehr wichtig, dass man den Bogen korrekt einschlägt, da sonst die Abstände zwischen den Stangen für das Pferd ungleichmäßig werden.

Im Stangenfächer lernt das Pferd, auch in einer Biegung die Beine zwischen den Stangen zu sortieren, was sehr gut für das allgemeine Körpergefühl ist.

Pylonenslalom

Die lustigen Hütchen, die man mittlerweile sogar in verschiedenen Farben kaufen kann, sind ebenso vielseitig einsetzbar wie das Stangen-L, und der Phantasie sind keine Grenzen gesetzt.

Zu Beginn sollten Sie sich aber mit einfachen Übungen begnügen. So kann beispielsweise das Laufen einer korrekten Acht zu Beginn der Pferdeausbildung schon recht schwierig sein. Glückt die Acht dann vorwärts, kann man sie rückwärts versuchen. Hierbei bedient man sich zur Beeinflussung der Bewegungsrichtung wieder der Lektionen „Mit der Vorhand weichen" und „Mit der Hinterhand weichen".

Über eine Plane gehen

Pferde haben eine instinktive Abneigung dagegen, über etwas Raschelndes oder sich Bewegendes zu gehen. Daher scheuen die meisten Pferde zunächst einmal vor einer Plane am Boden, die sich aus ihrer Sicht wie von Zauberhand bewegt. Es hat oft nicht einmal etwas mit der Plane selbst zu tun, sondern schlicht mit der Tatsache, dass das Pferd ja nicht weiß, was sich darunter befindet. Und würden Sie über etwas hinübergehen, wo Sie sich nicht sicher sind, ob sich unter Ihnen gleich der Höllenschlund auftut? Und wenn dann der Boden noch anfängt nachzugeben und zu knistern und sich zu bewegen …

Deshalb sollten Sie Ihren Junior nun auch Schritt für Schritt mit der Plane vertraut machen. Ich suche mir hierzu wieder gern einen freundlichen Helfer, am besten jemanden, den das Pferd schon kennt. Dieser stellt sich dann mit der sehr klein gefalteten Plane auf den Platz, während ich mich mit meinem Junior nähere. Dann beginnt der Helfer, die ganz klein gefaltete Plane auf den Boden zu legen und ein Stück aufzufalten – und deponiert eine gut sichtbare Leckerei darauf.

Da junge Pferde ja extrem neugierig und nahezu alle Pferde auf irgendeine Art auch sehr verfressen sind (man muss nur herausfinden, was sie wirklich gern fressen), wird sich nun das Jungpferd geradezu magisch zu dem seltsamen Ding hingezogen fühlen – und dann gehen wir natürlich auch hin, wie schon bei Gefahren im Gelände: anstupsen, loben, Leckerli – und weiter. So vergrößern wir Meter um Meter und Karotte um Karotte erst einmal die Plane auf ihre volle Größe.

Starlight nimmt das „grüne Monster“ erst einmal genau in Augenschein, …

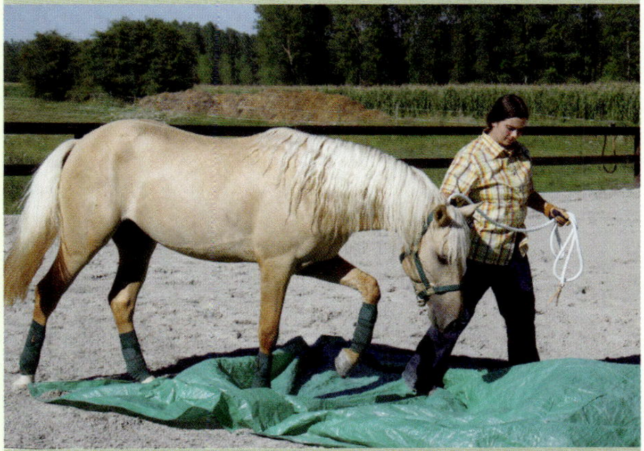

… setzt dann aber mutig die Vorderbeine darauf.

Nach etwas gutem Zureden stellt Starlight dann auch das letzte Bein auf die Plane und beschnuppert diese wieder ausgiebig.

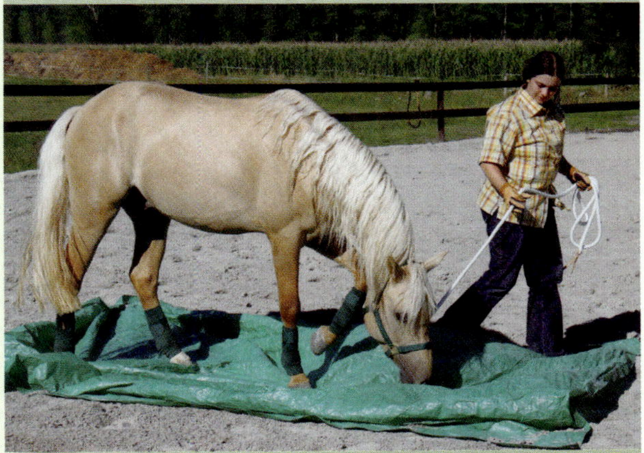

Da wir ja auch bei den vorherigen Hindernissen schon das Schrittchen-Spiel angewandt haben, gehen wir nun genau nach diesem Muster bei der Plane vor, wozu wir diese aber zunächst wieder zu einem dünnen Streifen zusammenrollen, sodass das Jungpferd auch erst einmal darüber gehen kann, ohne auf das seltsame Material zu treten. Bei jedem Hinübergehen gibt es ein Lob, und die Plane wird etwas breiter gelegt. Sie werden staunen, was für große Schritte Ihr Junior auf einmal machen kann! Aber irgendwann ist der Punkt gekommen, an dem er dann doch mal mit einem Huf auf die Plane muss. Loben Sie dann ausgiebig und geben Sie ruhig wieder eine Karotte – kauen beruhigt und macht glücklich! Das Pferd muss die Plane von Anfang an mit etwas Positivem verbinden, dann kann es später auf dem Turnier oder im Training unter dem Sattel sogar richtig Spaß daran haben.

Vorsicht geboten!
Um zu verhindern, dass das Pferd sich in der Plane verheddert oder dass sie bei Wind plötzlich abhebt, sollten Sie sie am Rand entweder mit Sand beschweren oder komplett rings herum Bodenarbeitsstangen legen.
Bei beschlagenen Pferden (insbesondere Westernpferden mit Sliders an den Hinterhufen) besteht außerdem die Gefahr, dass sie damit an der Plane hängen bleiben – hier ist also doppelte Vorsicht geboten!

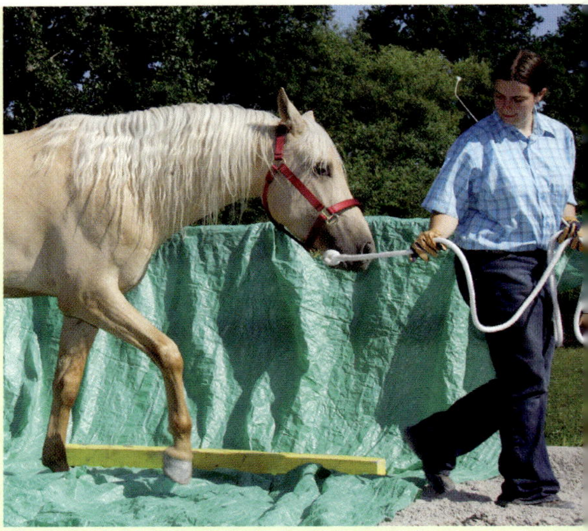

Die bereits vertraute Plane ist hier in einen halben Engpass abgewandelt. Starlight ist das zwar nicht ganz geheuer, doch er macht brav auch dieses seltsame Spiel mit.

Engpass

Im Gelände oder auch auf dem Turnier kann es immer passieren, dass man mit seinem Pferd durch einen Engpass hindurch muss. Hier kommt dann recht schnell der Fluchinstinkt hoch, da sich das Pferd in der Enge wie in einer Falle vorkommt, der es so schnell wie möglich entkommen möchte. Um das Pferd an diese Situationen zu gewöhnen, kann man sich mit recht einfachen Mitteln aus zwei Hindernisständern, drei Stangen und drei Planen einen Engpass bauen. Zu Beginn reicht jedoch die einseitige Variante, wobei man die Plastikplane am Boden anfangs auch noch weglassen sollte. Gehen Sie auch bei dieser Übung wieder mit dem Schrittchen-Spiel vor, lassen Sie das Pferd einige Sekunden im Engpass verharren und geben Sie ihm dort eine größere Karotte zum Knabbern. So wird es auch den Engpass mit einem schönen Gefühl in Verbindung bringen, das die natürliche Angst überlagern kann. Bei dieser Vorstufe zum Engpass hat das Pferd auch noch die Möglichkeit, nach innen auszuweichen, was die Sache ungefährlicher macht. Erst wenn das Pferd völlig ruhig durch diesen einseitigen Engpass hindurchgeht, sollten Sie sich aus den Hindernisständern, den beiden Stangen und einer Plane die zweite Wand bauen:

Legen Sie eine Stange in etwa 140 Zentimetern Höhe auf die Träger und dann eine Plane darüber. Die Plane wird an der Stange mit Klebeband fixiert. Die zweite Stange wird unten am Hindernisständer auf die Plane gelegt, damit diese nicht umherweht.

Stangen-Z

Um die Aufmerksamkeit und die Körperkoordination des jungen Pferdes zu erhöhen, kann man auch ein Stangen-Z legen und das Pferd im Schritt und Trab darüber führen. Die Abstände der Stangen sind hierbei natürlich durch die Z-Form unterschiedlich, sodass Ihr Junior schon sehr genau hinsehen muss, wo er seine Füße hinstellt. Gerade für kleine Poltergeister ist dies eine sehr effektive Übung.

Wenn der Side Pass im Stangen-L bereits gut gelingt, kann man ihn auch am Stangen-Z versuchen. In den Ecken ist dann zum Wenden des Pferdes abwechselnd die Übung „Mit der Vorhand weichen" und „Mit der Hinterhand weichen" einzusetzen. Da diese Übung ein hohes Maß an Körpergefühl und Konzentration fordert, sollte man sie mit Pferden unter drei Jahren nicht zu intensiv üben.

Grundsätzlich gilt: Lieber etwas Einfaches abfragen und das dann mit Erfolg beenden als sich an etwas Schwerem lange versuchen und dann scheitern! Das ist nämlich für alle Beteiligten ein frustrierendes Erlebnis.

Das Stangen-Z fördert durch die unterschiedlicihen Abstände zwischen den Stangen ungemein das Körpergefühl eines Jungpferdes. Es gehört im Western Trail zu einer der schwierigsten Stangenkombinationen überhaupt.

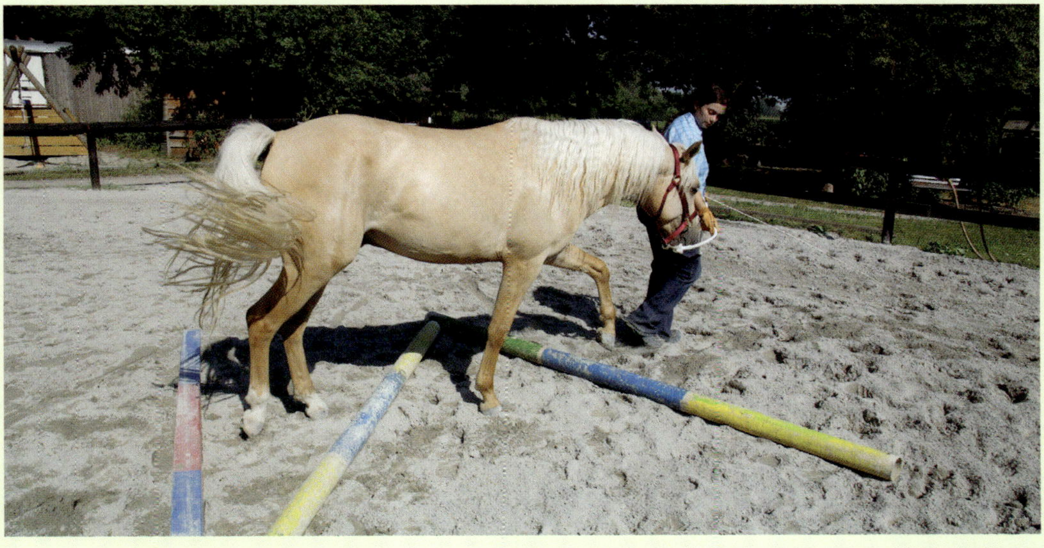

Geländetraining an der Hand

Ganz egal, ob Sie Ihren Junior später als Turnier- oder Freizeitpferd einsetzen wollen – geländesicher muss jedes Pferd sein, auch wenn man „nur" Turniere reiten will. Gerade auf Turnierplätzen ist das Pferd ständig mit einem neuen Umfeld konfrontiert – und man muss schließlich heil vom Anhängerparkplatz in die Showarena kommen.
Junge Pferde sind chronisch neugierig, was man sich beim Geländetraining an der Hand zunutze machen kann. Wenn Ihr Junior etwas erforschen will, dann lassen Sie ihn einfach! Je besser ein Pferd gleich in jungen Jahren lernt, dass es im Gelände nichts zu befürchten hat, umso mehr Spaß werden Sie später mit ihm haben.

Einen Hang hinaufzuklettern macht Pferden ungemein viel Spaß!

Kletterübungen am Hang

Um das Hinaufklettern zu üben, suchen Sie sich einen nicht zu steilen Hang aus, dessen Untergrund rutschfest ist. Bei dieser Übung muss das Jungpferd lernen, nicht einfach wild den Hang hinaufzurennen und den Menschen dabei wie ein Fähnlein hinter sich her zu ziehen, sondern sich dessen Tempo anzupassen. Mäßige Kletterübungen im Schritt stärken auch wunderbar die Muskulatur – und zwar in diesem Fall von Pferd und Mensch!

Des Weiteren lieben Pferde es, kleine Hügel zu erklimmen und dann einen besseren Überblick zu haben. Ich erinnere mich noch an meinen ersten Ausritt mit Shadow im Hochschwarzwald: An einem Aussichtspunkt, von dem aus man bis zum Straßburger Münster blicken konnte, blieb er wie angewurzelt stehen. Völlig fasziniert. Eine halbe Stunde lang! Auch Pferde erleben dann und wann mal gern etwas Neues. Als ein Westernturnierpferd sich einmal einen besseren Überblick verschaffen wollte, brach es geschickt aus seiner Box aus und stellte sich auf den nahen Misthaufen, um das Turniertreiben besser beobachten zu können. Man muss wohl nicht erwähnen, dass seine Besitzerin vor Scham am liebsten im Erdboden versunken wäre, als man sie per Lautsprecher aufforderte, ihren „Gockel auf vier Hufen" vom Misthaufen herunterzuholen!

Beim Herunterklettern neigen viele Pferde dazu, den Hang regelrecht hinunterzurasen, was für Reiter oder Führer sehr gefährlich sein kann. Daher ist es anfangs durchaus empfehlenswert, die ersten Klettervers suche mit zwei

Führpersonen zu starten, die jeweils rechts und links am Halfter einen langen Strick einhaken und den Junior in die Mitte nehmen. Dann geht's Schrittchen für Schrittchen den Hang hinunter. Man kann durchaus unterwegs ab und zu stehen bleiben und das Jungpferd loben oder ihm eine Leckerei zustecken, damit es erst gar nicht auf die Idee kommt, den Hang hinunterzurennen. Gerade das langsame Hinuntergehen stärkt die Muskulatur und das Balancegefühl des jungen Pferdes ganz gewaltig.

Beim Hinunterklettern sollte man das Pferd immer leicht seitlich führen, damit es einem nicht versehentlich in den Rücken rennt.

Beim Treppensteigen lernt das junge Pferd, auch im Gelände stets darauf zu achten, wo es seine Beine hinstellt.

Treppensteigen

Natürlich sollten Sie mit Ihrem Jungpferd niemals eine richtige Treppe hinaufgehen – das kann lebensgefährlich werden! Auf vielen Naturtrails und Vielseitigkeitsstrecken findet man aber in künstlichen Hügeln angelegte, breite Stufen, die sich eben dazu eignen, mit dem Pferd Treppen zu steigen.

Bei den ersten Übungen an solch einer Treppe sollten Sie Ihr Pferd bandagieren oder passende Gamaschen an allen vier Beinen anlegen, um das Verletzungsrisiko zu vermindern. Dann bewältigen Sie die Treppe mit dem „Schrittchen-Spiel". Oben angekommen loben Sie Ihr Pferd ausgiebig und wählen dann eine flache Stelle des Hanges, um wieder hinunterzuklettern. Man kann auch eine Treppe wieder hinuntergehen, das überfordert aber die Koordinationsfähigkeiten vieler junger Pferde.

Nach einigen Übungsintervallen sollte Ihr Junior dann in der Lage sein, Ihnen ruhigen Schrittes sicher die Treppe nach oben zu folgen, dort zu warten und den Hang ebenso ruhig wieder hinunterzuklettern.

Über eine Brücke gehen

Brücken jeglicher Form begegnen uns nicht nur im Gelände, sondern auch auf zahlreichen Western-, Freizeit und sogar auf Fahrturnieren. Daher tut man gut daran, ein Jungpferd schon früh an das ruhige Überqueren einer Brücke heranzuführen. Hierbei zahlt es sich

Anfangs war Starlight die Brücke recht unheimlich, doch da sie auf dem Weg zu seinen Paddock lag, übten wir des Öfteren ganz nebenbei. Inzwischen findet er die Brücke sogar recht lustig.

nun aus, wenn man die Trailübung „Engpass" mit viel Ruhe geübt hat, denn genau genommen ist die Brücke nichts anderes als ein solcher Engpass.

Wer einen Hasenfuß auf vier Hufen besitzt, der kann sich aber zunächst noch einer weiteren Vorübung bedienen und dem Jungpferd beibringen, über Holzplatten am Boden zu gehen. Damit das Ganze später wie eine Brücke klingt, kann man sich zwei bis drei Paletten besorgen und diese direkt aneinander auf den Reitplatz legen. Dabei müssen die Paletten aber unbedingt miteinander verschraubt werden. Hierauf befestigt man dann mit versenkten Schrauben eine stabile Holzplatte, die man aus Sicherheitsgründen (Rutschgefahr!) komplett mit Rasenteppich oder Kokosfasermatten überziehen sollte. Die Kanten der Brücke sollten am besten ebenfalls mit Rasenteppich oder Koskosfasermatte ummantelt werden, da so die Verletzungsgefahr deutlich verringert wird. Das Anlegen von Bandagen und Kronrandschützern ist sehr zu empfehlen.

Üben Sie nun mit Ihrem Junior, über diese selbst gebaute Übungsbrücke zu gehen. Er muss dabei auch mit allen vieren auf den Paletten kurz stehen bleiben. Dann bauen Sie auf einer Seite wieder Ihren Sprungständer mit der Plane auf, den das Pferd ja schon kennt. Wenn es dann immer noch ruhig über die Paletten geht, loben Sie es und versuchen Sie es am darauffolgenden Tag mit jeweils einem Sprungständer samt Plastikplane auf beiden Seiten. Wenn das Jungpferd auch diese Übung problemlos meistert, können Sie über die erste richtige Brücke gehen.

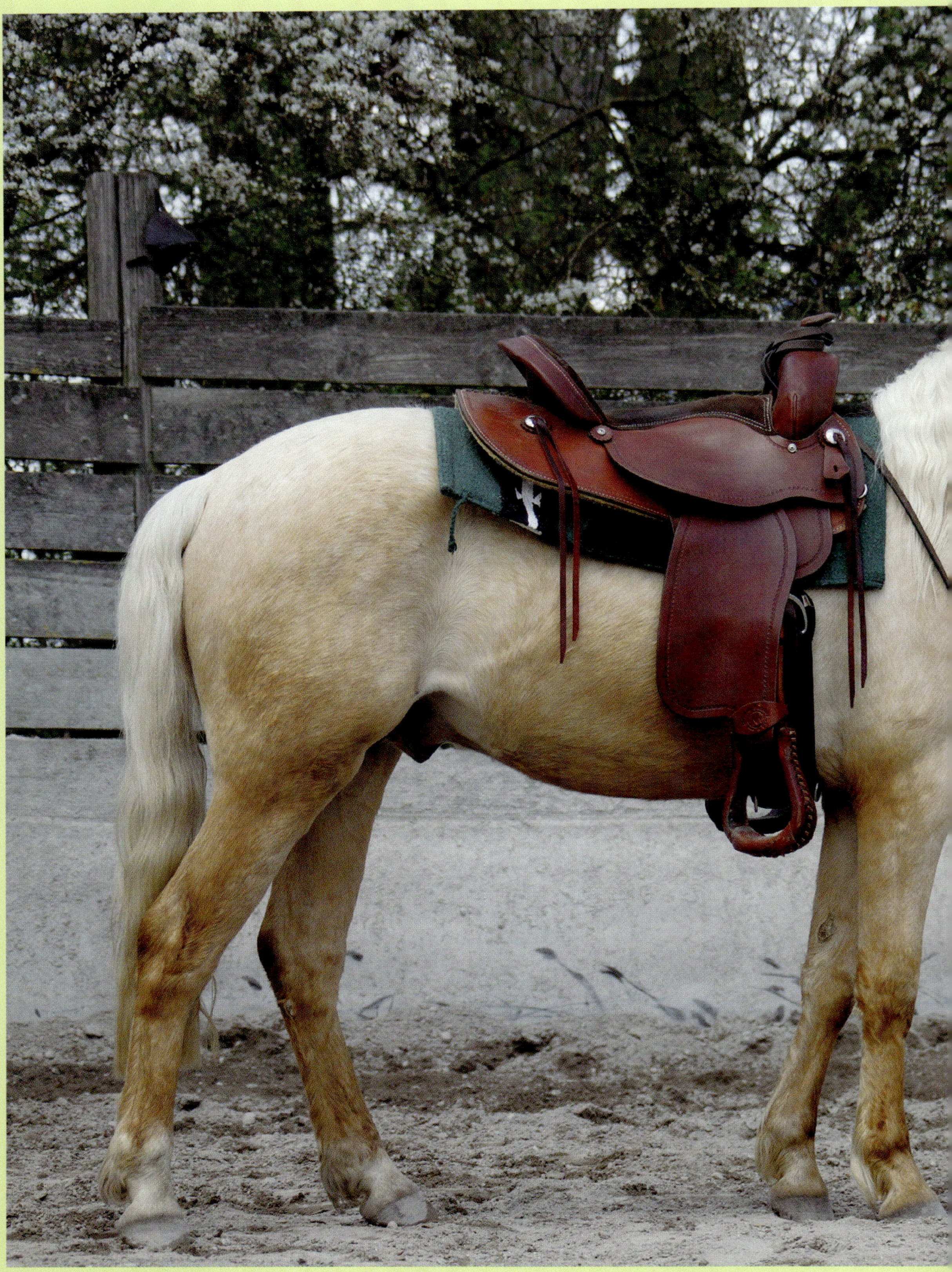

All die neuen Sachen

So langsam wird Ihr Jungpferd ja bereits erwachsen und Sie sollten sich auch über dessen Ausbildung unter dem Sattel Gedanken machen. Bevor Sie es aber für viel Geld zu einem Trainer geben, können Sie es erst noch ganz in Ruhe an die neuen Ausrüstungsgegenstände gewöhnen, die es für den Rest seines Lebens begleiten werden.

Ich gewöhne Starlight mit streichelnden Bewegungen an das Pad wie auch damals an das Putzen.

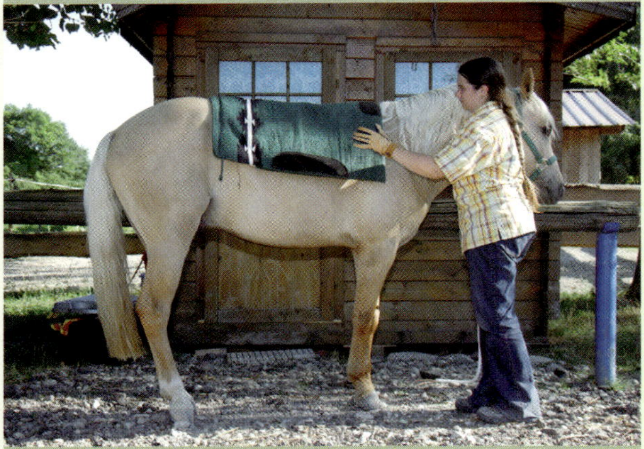

Langsam schiebe ich das Pad in die richtige Position.

Starlight findet das neue Ding auf dem Rücken zwar noch etwas unheimlich, aber er beginnt sich daran zu gewöhnen!

Das erste Pad

Wenn ein junges Pferd das erste Mal etwas Unbekanntes auf seinem Rücken spürt, kann es passieren, dass es in ein uraltes Verhaltensmuster zurückfällt und versucht, den aus seiner Sicht gefährlichen Gegenstand loszuwerden. Denn wäre ihm in der Natur etwas auf den Rücken gesprungen, hätte es ein ernsthaftes Problem! Und auch nach etwa 10.000 Jahren Domestikation kann dieses gut sechs Millionen Jahre alte „Überlebensprogramm" schlagartig durchbrechen. Aber so weit muss man es gar nicht kommen lassen.

Bevor Sie Ihrem Junior einfach ein Pad auf den Rücken werfen, versuchen Sie es erst einmal mit einer „Schmusedecke". Hierfür eignen sich beispielsweise die grauen Bundeswehrdecken aus Filz, die man für wenige Euro auf jedem Flohmarkt kaufen kann. Die Decken sind robust, angenehm in der Hand und lassen sich auch recht klein zusammenfalten.

Gehen Sie nun mit dieser Decke vor wie beim ersten Putzen: Sie streicheln mit der Hand vor und reiben dann mit der klein gefalteten Decke nach. Hierbei mogeln Sie die Decke immer weiter auf den Pferderücken, bis diese dort zum Liegen kommt. Nehmen Sie die Decke dann gleich wieder herunter, loben Sie Ihren Junior und beginnen Sie das Deckenspiel erneut. Hierbei können Sie die Decke nach und nach größer ausbreiten, bis sie fast so groß wie eine Abschwitzdecke ist – die Ihr Junior in seinem Leben sicherlich auch dann und wann brauchen wird.

Glückt das Deckenspiel, können Sie die Decke dann gegen das Pad austauschen. Aber auch hierbei sollten Sie Ihrem Jungpferd zu Beginn viel Zeit geben, das Pad zunächst zu beschnuppern, und es dann ebenfalls wie beim Deckenspiel auf seinen Rücken bringen.

Der erste Sattel

Viele Pferdebesitzer haben absolute Horrorbilder im Kopf, was das erste Satteln eines Pferdes anbelangt: von wild bockenden, steigenden, durchgehenden Jungpferden, die sich nicht mehr beruhigen lassen!

Mal ganz ehrlich: Das kann passieren! Wenn Ihr Jungpferd keinerlei Vertrauen zu Ihnen hat und Sie im bisherigen Umgang viele Fehler gemacht haben, ist es sogar sehr wahrscheinlich, dass so etwas passiert. Wenn Sie Ihren Junior nun aber auch Schritt für Schritt spielerisch an den Sattel gewöhnen – weshalb sollte er dann einen Grund haben durchzudrehen?

Scheuen Sie sich nicht, jetzt wieder Ihr Kumpelpferd einzusetzen: Ich habe Shadow immer zuerst gesattelt und Starlight dabei zusehen lassen. Und er hat natürlich immer „zufällig" mitbekommen, wie Shadow, sobald er gesattelt war, eine große Schüssel mit Müsli und anderen Leckereien vor die Nase gesetzt bekommen hat.

Shadow fand das klasse und Starlight wollte da unbedingt auch mitspielen. Also habe ich Shadow wieder abgesattelt, und während dieser noch selig sein Müsli futterte, habe ich Starlight den Sattel gezeigt und dann einfach nur mal über seinen Rücken gehoben. Dann habe ich ihn kurz abgesetzt und gleich wieder

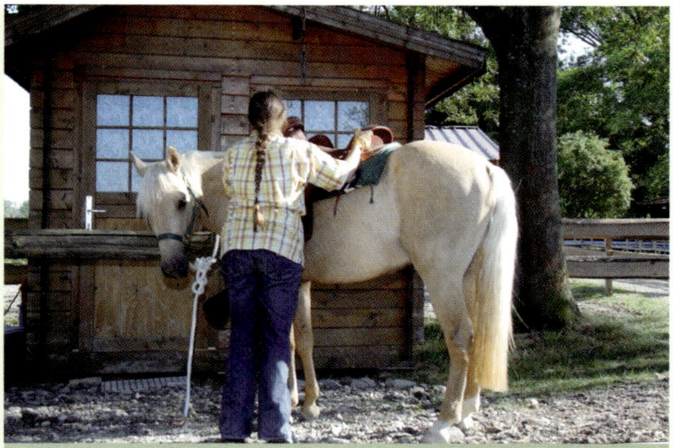

Nachdem das Auf- und Abschwingen zuvor geklappt hat, lege ich den Sattel sanft das erste Mal auf Starlights Rücken.

Ich fädele den Gurt nur ein, ziehe ihn aber noch nicht stramm. Starlight kann sich so erst in Ruhe an das neue Gefühl am Bauch gewöhnen.
Ich beginne langsam, den Sattel anzugurten. Starlight schaut etwas unsicher zu mir, aber nach einer kurzen Streicheleinheit ist dann alles in Ordnung.

Zunächst lege ich die Zügel um Starlights Hals.

Mit den Zügeln kannich Starlight festhalten, nachdem ich das Halfter abgenommen habe.

heruntergenommen. Und dann gab es natürlich auch eine kleine Portion Müsli. Am nächsten Tag lag der Sattel dann schon etwas länger auf Starlights Rücken – und am dritten Tag habe ich ihm dann erstmals seinen eigenen Sattel präsentiert.

Die „Müsli-Session" habe ich schnell wieder reduziert und nach wenigen Tagen war auch Shadow als mentale Stütze nicht mehr notwendig. Ich konnte Starlight in aller Ruhe alleine den Sattel auflegen, was er dann mit einer Karotte belohnt bekam. Beim ersten Anziehen des Sattelgurtes ist jedoch immer extreme Vorsicht geboten. Man sollte den Gurt ohnehin nicht gleich fest anziehen, sonst hat das Pferd vom ersten Tag an Sattelzwang – und den kriegt man nicht mehr so schnell korrigiert! Belohnen Sie auch jetzt jeden kleinen Schritt: Der Gurt berührt den Bauch: Lob und Leckerli, Pause. Der Gurt wird eingefädelt: Lob und Leckerli, Pause und Schluss für diesen Tag! Am nächsten Tag ziehen Sie den Gurt dann ganz leicht an, machen ihn aber nicht fest. Wenn das Jungpferd ruhig bleibt, gibt es wieder ein dickes Lob, ein Leckerli – und der Sattel kommt für heute weg. So arbeiten Sie sich binnen weniger Tage Schritt für Schritt vor, bis Sie Ihrem Junior den Sattel ganz normal anlegen können.

Das erste Gebiss

Erinnern Sie sich noch an Ihre erste Zahnspange? Was war das nur für ein widerliches Gefühl, oder? Einem Jungpferd, das zum ersten Mal ein Gebiss im Maul hat, geht es auch nicht viel anders. Hierbei ist auch noch zu bedenken, dass das Jungpferd sich im Alter

Der erste Kontakt mit dem Gebiss sollte sehr behutsam erfolgen – und vor allem dem Pferd schmackhaft gemacht werden! Honig auf dem Gebiss und ein Leckerli in der Hand können beim ersten Mal sehr hilfreich sein.

Starlight kostet noch den Honig auf dem Mundstück, während ich Genickriemen, Schopf und Ohren sortiere.

Um Starlight gleich zu Beginn beizubringen, beim Auftrensen den Kopf zu senken, lege ich nun meine Hand in sein Genick.

Dann übe ich sanften Druck mit der ganzen Hand aus und gebe ein Stimmkommando. Starlight weicht dem Druck nach unten.

von drei bis vier Jahren im Zahnwechsel befindet und somit das ganze Maul ohnehin eine einzige Baustelle ist, die zeitweise auch ganz schön weh tut!

Wenn Sie Ihrem Junior also das erste Mal das Metall ins Maul schieben, machen Sie es ihm so angenehm wie nur möglich. Das Gebiss darf auf keinen Fall kalt sein – wer sein Jungpferd im Winter ans Gebiss gewöhnen will, sollte dieses unbedingt so lange in warmes Wasser legen, bis es schön handwarm ist.

Für den ersten Versuch lassen Sie Ihrem Junior das Halfter noch um und lassen ihn auch daran angebunden. So brauchen Sie ihn nicht an der Trense festzuhalten, was dem sensiblen Pferdemaul extrem schaden würde.

Ein uralter Trick, der aber durchaus seine Berechtigung hat, besteht darin, das Gebiss das erste Mal dick mit Honig oder Rübensirup zu beschmieren. Halten Sie Ihrem Junior das Gebiss dann vor die Nase, am besten zusammen mit einem kleinen Leckerli. Ihr Junior wird natürlich nach dem Leckerli haschen und dabei das Maul ein bisschen öffnen. Schieben Sie ihm dann das Gebiss ganz vorsichtig samt Leckerli in den Mund.

Es kann nun gut sein, dass Ihr Jungpferd das Leckerli erschrocken ausspuckt und erst einmal hartnäckig versucht, sich seiner „Zahnspange" zu entledigen. Normalerweise sollte man einem Pferd nie etwas zu fressen geben, wenn es ein Gebiss im Maul hat – aber machen Sie an diesem Tag ruhig eine Ausnahme. Geben Sie Ihrem Junior einige Stückchen Banane, Äpfel oder Karotte, um ihm das Gebiss wortwörtlich schmackhaft zu machen.

Lassen Sie das Gebiss aber nur wenige Minuten im Pferdemaul, dann nehmen Sie es wieder heraus und geben Ihrem Junior im Tausch erneut eine kleine Leckerei. So wird er das Gebiss mit etwas Angenehmen verbinden.

In den darauf folgenden Tagen und Wochen wird die Trense der ständige Begleiter Ihres Jungpferdes sein. Ziehen Sie sie immer über das Halfter und gehen Sie dann Ihrem üblichen Trainingsprogramm nach: Putzen, Round Pen, Longe (die Longe wird natürlich ins Halfter eingeschnallt!), spazieren gehen und Bodenarbeit. So kann Ihr Junior sich in Ruhe an das Gebiss gewöhnen und wird es bald als etwas Selbstverständliches betrachten.

Round Pen mit Ausrüstung

Etwa eine Woche, nachdem Sie Ihr Jungpferd an Sattel und Zaumzeug gewöhnt haben, deponieren Sie die komplette Ausrüstung im Round Pen und führen dann Ihren Junior hinein. Legen Sie zuerst das Zaumzeug an und bitten Sie dann einen Helfer, Ihren Junior am Strick (der immer noch im Halfter eingeschnallt wird und nirgends sonst!) zu halten, während Sie den Sattel anlegen. Ziehen Sie den Gurt dann langsam so an, dass der Sattel nicht mehr rutschen kann. Dann wird der Führstrick entfernt und Sie bitten mit der Bodenarbeitsleine Ihren Junior auf den Hufschlag zur normalen Round-Pen-Arbeit. Wundern Sie sich nicht, wenn ihr Junior jetzt wie angewurzelt stehen bleibt und sogar die Luft anhält. Viele Jungpferde denken, es sei ein Ding der Unmöglichkeit, sich mit dem komischen Teil auf dem Rücken zu bewegen.

Starlight gewöhnt sich in der Sicherheit des Round Pens an seinen Sattel. Um ihn nicht zu überfordern, habe ich hierbei die Trense erst einmal weggelassen.

Wenn Ihr Junior sich dann aber doch entschließt, es zu versuchen, kann es auch sein, dass er nun ein wenig zu bocken anfängt. Sprechen Sie jetzt beruhigend auf ihn ein, verlangen Sie aber gleichzeitig, dass er vorwärts geht und nicht auf der Stelle bockt. Ab einer gewissen Geschwindigkeit wird ihm das Bocken nämlich so schwer fallen, dass er es lieber sein lässt. Lassen Sie Ihren Junior dann ruhig einige Runden traben, damit er sich an den Sattel gewöhnt. Sobald Sie bemerken, dass das Jungpferd wieder unruhig wird, sprechen Sie beruhigend mit ihm, quittieren Sie den Ansatz zum Bocken mit einem deutlichen „Nein!“ und schalten Sie dann wieder eine Gangart hoch. Dabei müssen Sie natürlich darauf achten, dass Ihr Jungpferd nun keine Angst bekommt – es soll nur lernen, dass Bocken unter keinen Umständen gestattet ist.

Hat Ihr Junior sich dann wieder beruhigt, lassen Sie ihn auf jeden Fall noch fünf Minuten im Schritt gehen. Dann bitten Sie ihn herein, loben ihn und nehmen die Trense ab. Jetzt sollte Ihr Helfer wieder mit dem Müslieimer erscheinen, den Sie nun Ihrem Junior vor die Nase setzen. Keine großen Mengen füttern, fünf Karotten und eine Handvoll Müsli reichen völlig! Es ist lediglich die Geste, die hier zählt. Viele Trainer lehnen es ab, Pferden durch gezielte Belohnung etwas beizubringen. Ich aber mache es meinen Pferden zu Beginn einer neuen Lektion immer so einfach wie möglich.

Bald geht's dann auch mit dem neuen Sattel auf den Reitplatz, wo Starlight herausfindet, dass man sich mit dem komischen Teil wirklich überall bewegen kann.

Und wenn ein Pferd kaut, entspannt es sich und fühlt sich wohl.

Wenn Sie dann das zweite Mal im Round Pen samt Ausrüstung sind, gibt's auch keinen Futtereimer mehr, sondern nur noch die Karotten aus der Hand – und irgendwann gibt's dann natürlich gar nichts mehr, da der Sattel und das Zaumzeug zu einer Selbstverständlichkeit geworden sind.

Longieren mit Ausrüstung

Wenn das Jungpferd die neue Ausrüstung im Round Pen akzeptiert hat, können Sie auch mit dem Longieren mit der kompletten Ausrüstung beginnen. Auch hier können Sie nach der ersten Longiereinheit wieder den Müslieimer als positiven Verstärker einsetzen – aber immer erst die Trense abnehmen, sodass Ihr Junior am Halfter genüsslich fressen kann.

Wenn das Jungpferd Trense und Sattel akzeptiert hat, kann man nun auch mit dem richtigen Longieren mit Longiergurt und Hilfszügel beginnen. Ich empfehle aber, jetzt einen Kappzaum einzusetzen, um das junge Pferdemaul zu schonen. Als Hilfszügel ist zu Beginn nur der klassische Dreieckszügel zu empfehlen, da dieser dem Jungpferd die gewünschte Dehnung nach vorwärts-abwärts erlaubt. Von solch gefährlichen Spielereien wie dem Halsverlängerer oder gar einem Stoßzügel sollten Sie tunlichst die Finger lassen! Wenn die Ausbildung an der Longe weiter fortgeschritten ist, kann auch der Laufferzügel eingesetzt werden und mit der schonenden Arbeit an Bodenstangen und Cavaletti begonnen werden. Im Alter von etwa vier oder fünf Jahren können Sie dann auch zur Doppellongenarbeit übergehen, mit deren Hilfe das Jungpferd in idealer Weise auf das Reiten vorbereitet werden kann. Als Lektüre empfiehlt sich hierzu das Buch „Richtlinien Reiten und Fahren Band 6 – Longieren" von der FN. Auch der Besuch eines Longierkurses und das Ablegen des Longierabzeichens mit einem Schulpferd sind von großem Vorteil.

Gutes Longieren ist wie „Reiten vom Boden". Regelmäßige Arbeit an der Longe und Doppellonge sollte deshalb in keinem Trainingsplan fehlen.

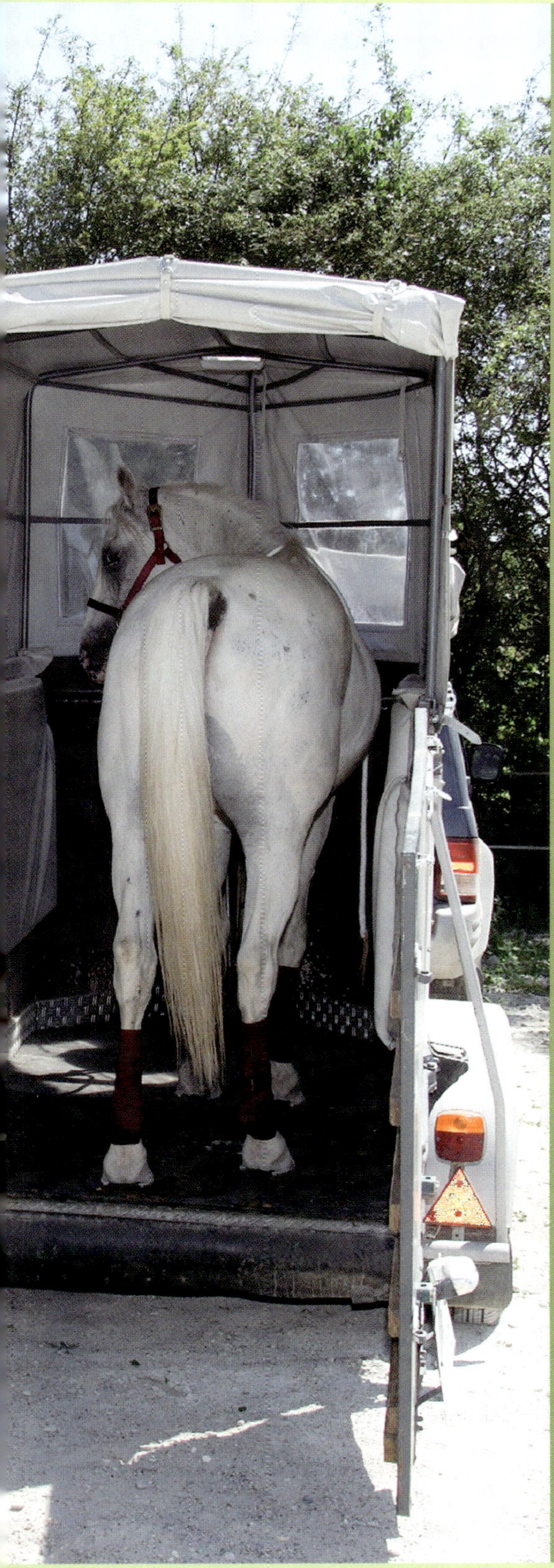

Verladen spielen

„Wie verladet ihr denn eure Pferde?" Das werden Ingo und ich oft von Kursbesuchern und Zuschauern gefragt. Ingo zuckt dann immer nur verständnislos mit den Schultern: „Ja, Klappe auf, Pferd rein, Klappe zu, losfahren!" Ist es wirklich so einfach? Wenn man auf manchen Turnieren und Shows sieht, dass von zehn Pferdeleuten neun ernsthafte Probleme haben, ihr Pferd überhaupt irgendwie binnen einer Stunde in den Anhänger zu bekommen, bemerkt man, dass es doch nicht so selbstverständlich und einfach ist!

Übung macht den Meister

Meine Pferde haben beide, bevor sie zu mir kamen, sehr unschöne Anhängererfahrungen gemacht: Shadow fuhr gute 500 Kilometer liegend in einem Anhänger, da seine Vorbesitzer nicht registriert hatten, dass er schon bei der Auffahrt zur Autobahn umgekippt war. („Es hat kurz so komisch gerumpelt, aber dann war ja Ruhe.") Bei seiner Ankunft auf der Red Rock Ranch musste Trainer Dieter Hämmerle den gestürzten Dreijährigen damals mit Säge, Axt und Schweißgerät befreien, da Shadow die Beine durch die Trennwand geschlagen hatte und festlag! Ich hätte es durchaus verstanden, wenn Shadow nie wieder in einen Anhänger gegangen wäre. Aber mittlerweile hüpft er regelrecht in unseren kleinen Anhänger hinein, weil er sich freut, dass es auf eine Show geht!

Bei Starlight war es nicht ganz so dramatisch, aber er wurde auch einmal mit etwas gröberen Mitteln verladen – dummerweise gerade an dem Tag, an dem er die Red Rock Ranch für immer verließ und zu uns gebracht wurde. Somit verband er seine erste Anhängerfahrt alleine gleich mit etwas Schlechtem: Er hatte Angst, war alleine – und als er wieder ausstieg, waren alle seine Freunde nicht mehr da. Dennoch geht auch Starlight heute wieder gern in den Anhänger.

Wie kriegt man ein Jungpferd nun dazu, mit Freude in den Anhänger zu hüpfen? Ganz einfach: mit gezielten Vorübungen und einem Kumpelpferd, das sich sehr gut verladen lässt und als gutes Beispiel vorangeht.

Arbeit mit der Plane

Die meisten Pferde fürchten den Hänger deshalb, weil er niedrig ist und das Dach raschelt. Um ein Jungpferd schonend auf die Geräusche vorzubereiten, empfehlen sich Anti-Schreck-Übungen mit einer großen Plastikplane. Knüllen Sie diese so klein wie möglich zusammen und streicheln Sie das Pferd abwechselnd mit der Hand und dann mit der Plane. Dabei wird die Plane von Trainingseinheit zu Trainingseinheit größer, bis Sie zu einer noch größeren Plane übergehen, in die Sie Ihren Junior komplett einwickeln können. Vergrößern Sie dann auch diese Schritt für Schritt, bis Sie zusammen mit Ihrem Junior komplett darin eingewickelt sind und Ihr Junior das Ganze auch noch lustig findet.

„Pack-Pony" mal anders: Starlight hat an dem neuen Spiel offensichtlich einen Riesenspaß!

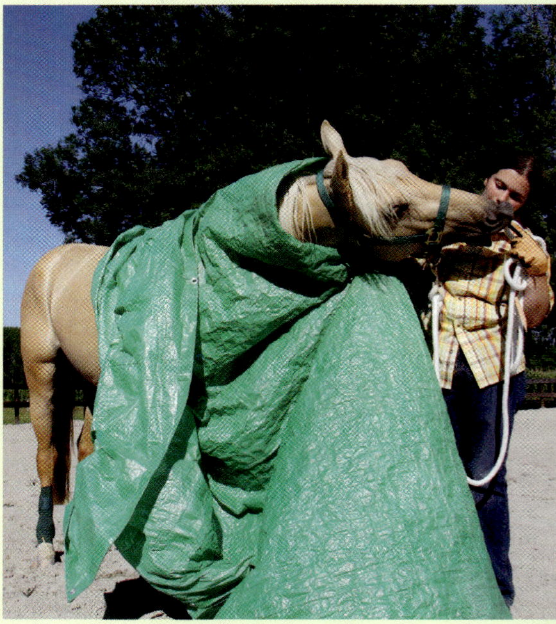

Unter dem Schwungtuch hindurchzugehen erfordert viel Mut von einem Pferd – und auch viel Vertrauen in den Menschen. Obwohl Starlight bei dieser Übung wahrlich das Herz in die Hose rutschte, machte er mit. Und beim zweiten Durchgang fand er es dann auch ganz lustig!

Arbeit mit dem Schwungtuch

Ein weiterer Grund für die Angst vieler Pferde vor dem Anhänger besteht darin, dass die Decken in den heutigen Transportern oft extrem niedrig sind. Verbunden mit der allgemeinen Enge des Gefährts löst dies beim Steppentier Pferd regelrechte Platzangst aus. Würde es in der Natur irgendwo in die Enge getrieben und könnte nicht mehr fliehen, hätten Raubtiere leichtes Spiel. Daher vermeiden Pferde instinktiv kleine Plätze und vor allem enge Räume. Um dieser natürlichen Phobie entgegenzuwirken, kann man dem Pferd durch die Arbeit am Schwungtuch auch die Angst vor niedrigen Decken – und dass ihm der „Himmel auf den Kopf fällt" – nehmen. Ein Schwungtuch kann man im Fachhandel für Kindersportbedarf erwerben – oder Sie fragen mal bei der Ortsgruppe der Pfadfinder, einem Kinderkrankengymnast oder im Kindergarten nach, wo diese ihre Schwungtücher beziehen.

Ein gutes Schwungtuch kostet an die 60 Euro und kann auch später noch vielseitig im Pferdetraining und auch bei Showvorführungen eingesetzt werden. Das Schwungtuch sollte einen Mindestdurchmesser von fünf Metern haben. Ein normales Stück Stoff oder ein altes Bettlaken in etwa der gleichen Größe tut es natürlich auch.

Bitten Sie zu Beginn zwei Helfer, das Tuch zu einer schmalen Bahn zu falten und dann hochzuhalten. Ermutigen Sie Ihren Junior mit einer Karotte, den Kopf zu senken und unter dem Tuch hindurchzugehen. Viele Pferde neigen anfangs dazu, den Kopf weit in die Höhe zu recken, und sind dann der Ansicht: „Wenn ich drüber gucken kann, passe ich da nicht drunter durch!"

Wenn Ihr Junior darunter hindurch gegangen ist, loben Sie ihn ausgiebig und führen ihn dann auch von der anderen Seite hindurch, damit er den „Engpass in der Luft" von beiden Seiten sieht. Dann beginnen die Helfer, das Tuch etwas breiter zu legen. Hat das Tuch dann eine Breite erreicht, an dem es Ihre beiden Helfer nicht mehr alleine halten können, brauchen Sie zwei weitere Helfer, sodass nun vier Leute das Tuch in die Höhe halten, während Sie samt Pferd darunter hindurchgehen. Bringen Sie jetzt Ihrem Jungpferd auch bei, unter dem Tuch stehen zu bleiben, Glückt dies einige Male, senken die Helfer das Tuch immer einige Zentimeter ab, bis es irgendwann auf dem Rücken und Hals des Pferdes zum Liegen kommt. Loben Sie Ihr Jungpferd ausgiebig, wenn es brav stehen bleibt. Dann wird das Tuch wieder nach oben geschwungen und Sie gehen mit dem Pferd hinaus.

Über die Brücke schicken

Wer später mit seinem Pferd gelegentlich alleine mit dem Anhänger unterwegs ist (und das kann jedem passieren, denn nicht immer hat ein freundlicher Mensch gerade Zeit!), der tut gut daran, sein Pferd so zu trainieren, dass er es auch alleine problemlos verladen kann. Hierzu muss das Jungpferd lernen, sich auch schicken zu lassen, also auf ein gewisses Signal hin vorauszugehen.

Dies übt man am besten auf einer Trainingsbrücke (hier kann man auch wieder die Paletten und Hindernisständer mit Plastikplanen hervorholen – siehe Seite 98) zusammen mit einem Helfer. Sie haben zwei Führstricke am Halfter eingehakt: einen unten und einen auf der Seite, auf der Sie stehen werden. Positionieren Sie nun Ihr Jungpferd vor der Brücke. Der Helfer stellt sich auf die Brücke, sein Führstrick am Ende des Seiles in der einen und eine Karotte in der anderen Hand. Sie stehen seitlich neben dem Pferd. Weisen Sie dann mit einer Hand am Strick deutlich auf die Brücke und sagen Sie „Gehen" oder ein ähnliches Signal. Mit der anderen Hand werfen Sie nun wie bei der Round-Pen-Arbeit ein drittes Seil (hier reicht ein Führstrick von drei Metern Länge) hinter das Pferd und zupfen gleichzeitig am Führstrick am Halfter. Wenn das Pferd nun zögerlich auf die Brücke tritt, lockt der Helfer es mit der Karotte nach oben. Das Pferd bekommt seine Karotte und ein ausgiebiges Lob und der Helfer führt es wieder von der Brücke, während Sie außen mitlaufen und wieder deutlich das Kommando „Gehen" sagen.

Üben Sie die neue Lektion auf diese Weise einige Male, bis das Pferd auf Ihr Handzeichen und das Kommando „Gehen" hin die Brücke überquert. Wenn das funktioniert, versuchen Sie noch einige Durchgänge alleine: Der Helfer steht dazu am Ende der Brücke mit einer Karotte parat. Sie schicken das Pferd deutlich über die Brücke und es erhält am Ende seine

Die Übungsbrücke direkt vor unserem Paddock leistet uns auch jetzt wieder guten Dienst. Starlight ist zu Beginn etwas unsicher, aber schon nach dem zweiten Durchgang fand er es einfach nur klasse, jetzt schon „ganz alleine" über die Brücke gehen zu dürfen.

Karotte. Nach einigen Durchgängen auf diese Weise ist der Helfer dann überflüssig und Sie geben dem Pferd am Ende der Brücke eine kleine Leckerei.

Übungen am Podest

Das Podest ist vielen sicherlich aus der zirzensischen Bodenarbeit bereits bekannt. Übungen am Podest schulen die Konzentration des Pferdes und fördern sein Balancegefühl. Ich benutze das Podest jedoch auch gern dafür, Pferde auf das Verladen vorzubereiten. Da ich selbst Anhänger mit Rampe nicht besonders gut finde – ich habe hier mit Shadow bereits sehr kritische Situationen beim Ausladen erlebt, da er oft seitlich neben die Rampe trat und sich beinahe das Bein aufgerissen hätte, baute ich meinen Anhänger auf Schwingtür um. Das Problem für meine beiden Burschen war nun aber, dass sie erst einmal lernen mussten, heil hinein- und wieder herauszukommen.

Das Podest entpuppte sich hier als ideale Vorstufe – zumal man auch nicht für viel Geld ein Podest kaufen muss. Besorgen Sie sich bei einem Bauern einen alten Traktorreifen und beim Sägewerk oder Baumarkt eine stabile Holzplatte mit einer Tragkraft von mindestens 600 Kilogramm. Diese Platte wird rund auf die Größe des Traktorreifens ausgesägt. Dann kann man entweder die Ecken rundfeilen oder das Ganze mit Rasenteppich bespannen. Jetzt

Auch das Podest wird zuerst einer ausgiebigen Schnupper- und Knabberprobe unterzogen.

Dann erfolgt der erste zögerliche Aufstieg.

„Jetzt bin ich auch ein Großer!" Gerade kleinere Pferde finden das Podest richtig klasse und wollen meist gar nicht mehr herunter.

brauchen Sie nur noch gut zehn Holzklötze, die Sie in den Traktorreifen stellen und dann mit der Platte verschrauben. Die Schrauben müssen natürlich versenkt werden. Ein solches Podest kostet etwa 50 Euro.

Um Ihren Junior dann an das neue Turngerät zu gewöhnen, machen Sie es ihm wieder schmackhaft – ein paar Karotten auf dem Podest machen es in jedem Fall schon einmal interessant. Wenn Sie das erste Aufsteigen auf das Podest üben, sollten Sie Ihrem Junior unbedingt an allen vier Beinen Bandagen oder Gamaschen anlegen. Optimal sind Western Boots mit den sogenannten „Bell Boots", die auch Kronrand und Huf schützen.

Dann stellen Sie sich so hin, dass das Podest zwischen Ihnen und Ihrem Pferd ist, während ein Helfer sich neben das Pferd stellt. Der Helfer stellt nun ein Bein des Jungpferdes mittig auf das Podest. Geben Sie dann das Kommando „Hoch!" und locken Sie Ihr Pferd mit Karotte und sanftem Zupfen am Strick auch mit dem zweiten Bein nach oben. Sobald das Pferd beide Beine auf dem Podest hat, loben Sie es ausgiebig.

Nach einigen Sekunden schicken Sie Ihr Jungpferd dann wieder rückwärts vom Podest herunter. Wiederholen Sie diese Übung einige Male in den folgenden Tagen. Das Ziel sollte sein, dass Sie neben dem Podest stehen und Ihr Pferd auf Stimmkommando auf das Podest hinaufschicken und wieder herunterbitten können.

Das erste Mal im Anhänger

Wie schon beim Satteln habe ich mich beim ersten Verladen der permanenten Eifersucht zwischen Shadow und Starlight bedient. Ich habe Shadow verladen und Starlight sah dabei zu. Er sah, wie Shadow von mir und Ingo im Anhänger ausgiebig gelobt und geknuddelt wurde und wie er wieder die Nase in seiner Müslischüssel versenkte. Natürlich wollte unser kleiner Mann da dann wieder mitspielen.

Aber er durfte nicht! Statt ihn gleich selbst in den Anhänger zu führen, haben wir ihn am Anhänger nur kurz schnuppern und die Nase hineinstrecken lassen. Dann musste er wieder zurückweichen, Shadow kam, sprang hinein und futterte wieder Müsli.

Sie können sich vorstellen, dass Starlight bereits nach drei Durchgängen derart sauer war, weil er nicht mitspielen durfte, dass er bei der ersten Gelegenheit – als Ingo mal kurz nicht aufpasste! – schnurstracks zum Anhänger marschierte und hineinkletterte. Natürlich gab es dann auch für ihn eine Schüssel mit einer Handvoll Müsli, aber bevor er diese ganz leer gefressen hatte, schickte ich ihn wieder rückwärts heraus und die Übung war beendet. Starlight wusste natürlich auch beim nächsten Üben, dass da ja noch etwas Müsli im Anhänger sein musste – und schon war er wieder drinnen! Beim zweiten Mal gab es auch noch ein wenig Müsli, ab dem dritten Mal dann nur noch zwei Karotten und ein prall gefülltes Heunetz. Nach vier Versuchen schlossen wir dann auch das erste Mal die Klappe hinten, wobei dann aber wieder etwas Müsli im Trog lag. Beim zweiten Versuch mit „Klappe zu" gab es dann nur Karotten und das gefüllte Heunetz. Auf diese Weise verlängerten wir minutenweise auch die Zeit, in der Starlight alleine im Hänger stand, bis wir bei 20 Minuten angekommen waren. Dann luden wir ihn wieder ein, füllten den Trog mit Äpfeln, Karotten und einer Handvoll Müsli – und drehten im Schritttempo eine zehnminütige Runde um die Ranch. Als die Klappe dann wieder aufging, war Starlight zwar sichtlich froh, wieder draußen zu sein – aber da Shadow „zufälligerweise" schon ganz in der Nähe auf der Weide wartete, auf die wir Starlight dann auch sofort entließen, fand er das Anhängerfahren doch ganz toll. Vor allem, weil er ja wieder nach Hause gekommen war und noch alles genau so war, wie er es verlassen hatte.

Und so übten wir fast vier Wochen lang zweimal wöchentlich. Aus zehn Minuten wurden 20, dann 30 und schon bald war Starlight fit für seine erste große Tour zum Turnier.

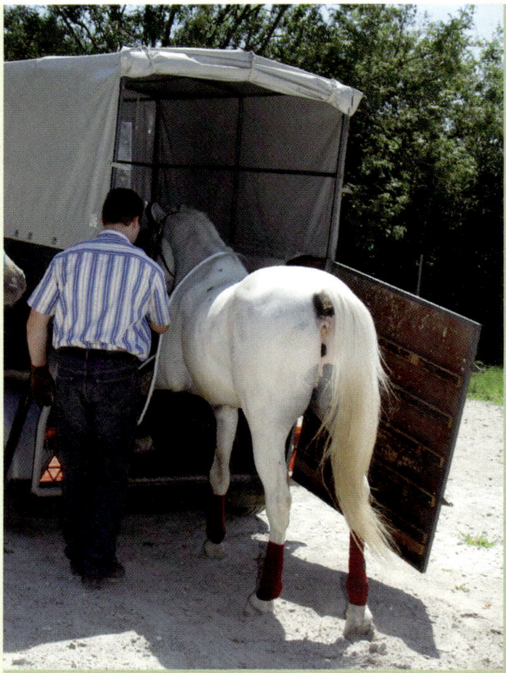

Shadow zeigt erst einmal, wie es geht, und weckt damit Starlights Interesse an dem „neuen Spiel".

Starlight steht nun mit beiden Vorderbeinen im Anhänger. Dafür gibt es jetzt natürlich, wie versprochen, die Karotte.

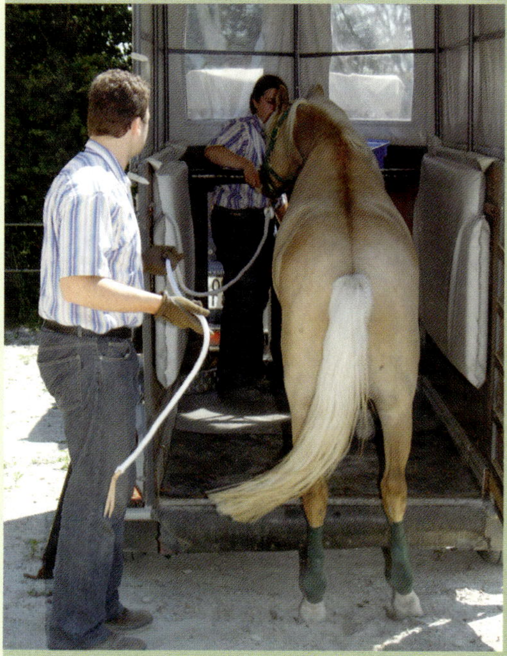

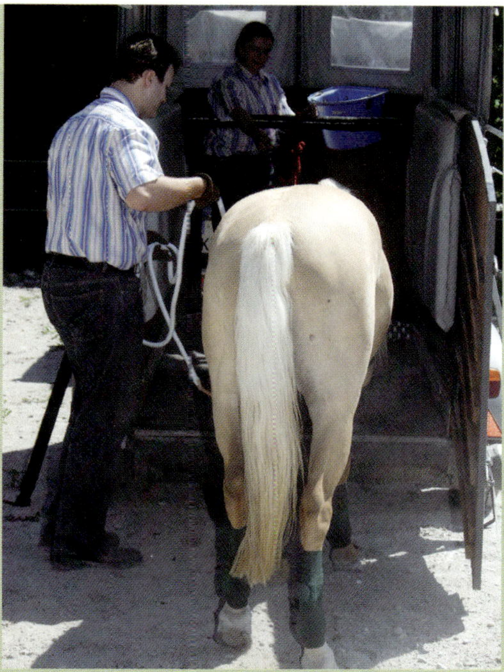

Starlight unterzieht auch den Anhänger wieder seinem Schnupper- und-Knabber-Test. Wir warten …

Eine neue Karotte, sanfte Worte und ein wenig Motivation von Ingo bewegen Starlight dazu, auch ein Hinterbein in den Anhänger zu stellen.

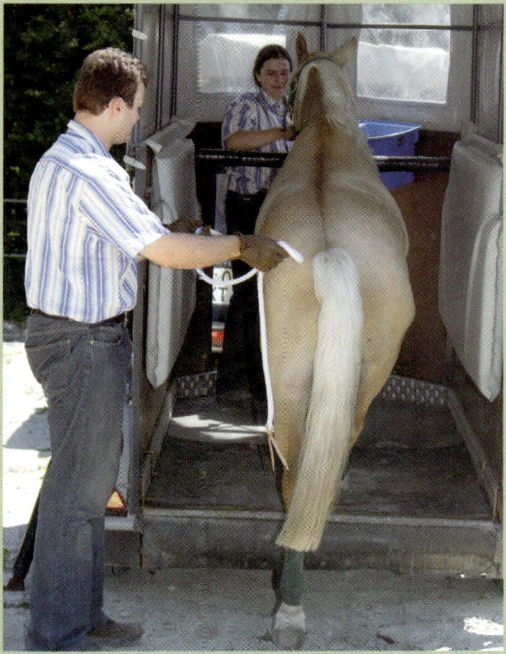

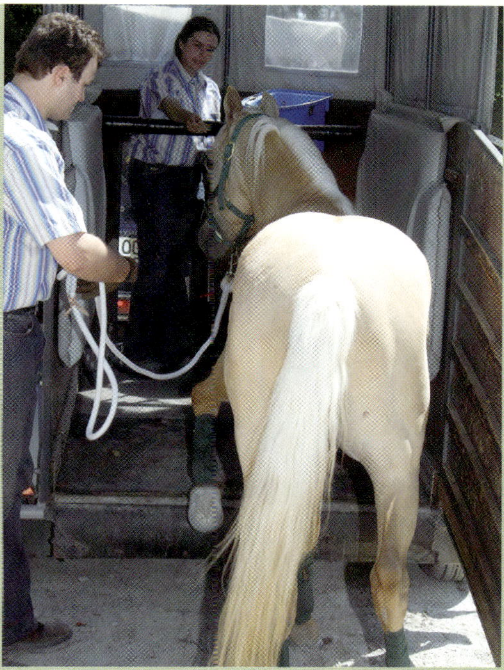

Ich biete Starlight eine Karotte an und gebe das gleiche Kommando wie beim Aufsteigen auf das Podest. Starlight fasst sich ein Herz und hebt ein Bein nach vorn.

Geschafft! Interessiert schaut Starlight sich erst einmal um, ehe er sich dann in aller Ruhe dem Futtereimer widmet.

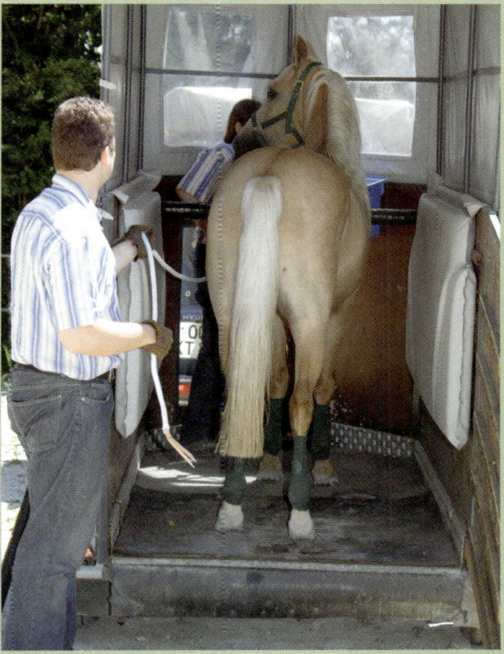

Air Ride

Handpferdereiten

Viele Trainer bieten mittlerweile das schonende Anreiten von Jungpferden als Handpferd an. Wer auch hier etwas Geld sparen will, kann seinem Jungpferd aber bereits zu Hause in aller Ruhe die Basislektionen des Handpferdereitens beibringen. Auch ist es sehr vorteilhaft für junge Pferde, viel als Handpferd mit ins Gelände genommen zu werden. An der Seite eines ruhigen und erfahrenen Führpferdes (in unserem Fall zumindest anfangs natürlich das bisherige Kumpelpferd) kann es so die große weite Welt entdecken, ohne dabei Angst zu haben. Auch kann man auf etwas längeren Ritten das Jungpferd schon fürs spätere Anreiten langsam konditionieren. Länger als zwei Stunden im Schritt sollte so ein Ausritt aber nie dauern! Wer unterwegs auch mal ein bisschen traben will, sollte sich auf maximal eine Stunde beschränken und natürlich nur weichen Boden aussuchen. Galoppieren mit Handpferd ist zwar möglich, aber man sollte schon extrem sattelfest sein und ein hundertprozentig zuverlässiges Führpferd haben. Es ist in jedem Fall sicherer, mit diesem Trainingsschritt einen Trainer zu beauftragen, der die nötige Erfahrung mitbringt. Das Vorbereiten aufs Handpferdereiten hingegen kann man, wie gesagt, selbst durchführen.

Für die ersten Handpferde-Übungen eignen sich Halfter, an denen man auf beiden Seiten problemlos zwei jeweils circa drei Meter lange Stricke einhängen kann. Die Stricke sollten aus festem Yachtschot sein – und beide Pferdeführer sollten natürlich Handschuhe tragen!

Starlight ist schon gespannt, was wir heute „spielen“. Shadows Begeisterung hält sich jedoch eindeutig in Grenzen.

Zunächst lernen beide Pferde, ruhig nebeneinander herzugehen. Starlight findet den Spaziergang auf dem Platz ganz toll – Shadow ist weniger angetan.

War das anstrengend! Nach kurzer Pause hake ich den zweiten Führstrick bei Starlight ein und weiter geht's!

Etwas eingeschüchtert von Shadows Gifterei sucht Starlight Beistand bei Ingo.

Mit viel gutem Zureden wagt Starlight sich dann aber nach einer weiteren Runde wieder etwas nach vorn.

Starlight hat's kapiert, Shadows hat's akzeptiert, und wir vier können mit den ersten Übungen beginnen.

Die erste Runde auf dem Platz

Sie brauchen nun wieder einen Helfer und Ihr Kumpelpferd. Reiten Sie mit dem Kumpelpferd auf dem Hufschlag, während der Helfer Ihren Junior auf dem dritten Hufschlag führt. Hierbei führt er das Jungpferd langsam in die Position neben dem Kumpelpferd, in der Sie das Jungpferd später beim Handpferdereiten haben werden.

Auch wenn Ihr Kumpelpferd bisher immer alles brav mitgemacht hat, kann es nun sein, dass es zu Beginn etwas „giftig" ist. Shadow findet es bis heute eine absolute Unverschämtheit, dass Starlight neben ihm laufen darf – wie man auf den Bildern unschwer erkennen kann. Trotz vielen guten Zuredens und viel Lob ließ Shadow das Ganze wirklich nur zähnenknirschend über sich ergehen, während Starlight es natürlich wieder ganz toll fand.

Haben sich beide Pferde dann nach einigen Runden aneinander gewöhnt, werden zwei lange Bodenarbeitsstricke seitlich ins Halfter des Jungpferdes eingehakt. Einen nehmen Sie, den anderen der Helfer. So geht es dann wieder einige Runden ruhig im Schritt über den Platz.

Im Gelände verliert dann auch Shadow endlich seinen Missmut und zeigt seinem „kleinen Bruder" die große weite Welt. Starlight fühlt sich sichtlich wohl in „seiner Herde" und stapft mutig voran.

Am nächsten Tag können Sie dann beginnen, zu viert das gemeinsame Anhalten und Wendungen zu üben. Auch ein kurzer Trab kann gewagt werden – aber bitte nehmen Sie etwas Rücksicht auf Ihren Helfer, auch wenn es toll klappt und Sie gar nicht mehr aufhören wollen!

Spaziergang zu viert

Wenn alle Übungen auf dem Platz gut funktionieren, bestücken Sie Ihr Kumpelpferd mit einer Packtasche mit zwei Flaschen Wasser für Ihren Helfer und ein paar Karotten für die Pferde und wagen sich zusammen mit Jungpferd und Helfer eine Runde ins Gelände. Da Ihr Helfer ja die ganze Strecke zu Fuß zurücklegen muss, sollte man nicht gleich zu Beginn eine zweistündige Tour planen. 20 Minuten reichen für das erste Mal völlig! Halten Sie unterwegs auch immer mal wieder an – zum einen, damit ihr Helfer wieder zu Atem kommt, aber auch, damit Ihr Jungpferd lernt, dass es auch draußen nur dann vorwärts geht, wenn der Mensch ein Signal dazu gibt! Loben Sie artiges Stehenbleiben beider Pferde ausgiebig und geben Sie dann und wann beiden auch mal ein Stück Karotte.

Das erste Mal „richtig" als Handpferd

Nach einigen geglückten Spaziergängen wird auch der freundlichste Helfer irgendwann einmal ganz lieb fragen: „Schaffst Du das nicht auch alleine?"

Um das Jungpferd auf das richtige Handpferdereiten einzustimmen, müssen Sie noch einmal ein paar Übungseinheiten auf dem Platz einplanen. In der ersten Trainingsstufe geht der Helfer nur noch neben dem Jungpferd her und sorgt dafür, dass es nicht zu weit zurückfällt. In der zweiten Stufe reiten Sie dann mit beiden Pferden alleine auf dem Platz, üben das Anhalten, Antreten und verschiedene Wendungen – alles natürlich zunächst im Schritt. Ihr Helfer sollte aber in

Wenn es zur ersten Runde alleine ins Gelände geht, sollte man aus versicherungstechnischen Gründen auch dem Jungpferd eine Trense anlegen.

der Nähe bleiben, um notfalls doch noch ein wenig nachhelfen zu können. Wenn im Schritt alles klappt, können Sie sich auch an den Trab wagen.

Beim ersten Ausritt mit Handpferd sollten Sie nun aus versicherungstechnischen Gründen Ihrem Junior das Zaumzeug anlegen und den Führstrick darin seitlich festschnallen. Bitte keine Longierbrille verwenden! Diese wirkt zusammen mit einer gebrochenen Wassertrense bei Zug wie ein Nussknacker und kann dem Pferd erhebliche Schmerzen an Laden und Gaumen bereiten.

Bei den ersten Touren sollte Ihr Helfer doch noch mit einem Strick nebenher gehen und diesen dann bei Bedarf in kritischen Situationen (Angriff von Maispflanzen oder Killerspatzen) auf der anderen Seite einhaken. Mit zunehmender Sicherheit kann er dann vielleicht eine Runde auf dem Drahtesel mitfahren. Um junge Pferde an das gesittete Ausreiten in der Gruppe zu gewöhnen, kann man sich jetzt zwei bis drei Reiter mit ruhigen und zuverlässigen Pferden suchen, die bereit sind, mit Ihnen, dem Junior und dem Kumpelpferd einen gemütlichen kleinen Spazierritt zu unternehmen.

MOCHA OAK RANCH

Vorbereitung auf das Anreiten

Sie haben Ihrem Jungpferd nun schon einiges vom Boden aus beigebracht und es damit gut auf das eigentliche Anreiten vorbereitet. Viele stellen sich nun sicherlich die Frage: Soll ich's selbst versuchen?
Natürlich gibt es Jungpferde, die jeder gute Freizeitreiter selbst anreiten kann. Aber das sind ehrlich gesagt die wenigsten. Wer seinem Junior einen wirklich guten Start ins Leben als Reitpferd mitgeben will, der sollte sich nun auf die Suche nach einem Trainer machen.

„Herzlich willkommen!" Starlight und seine Trainerin Sita Stepper verstehen und mögen sich auf Anhieb!

Wieso man jetzt einen guten Trainer braucht

Beim Anreiten kann sehr viel schief gehen. Genau genommen entscheidet sich in den ersten Sekunden, wenn ein Mensch auf einem noch rohen Pferd sitzt, ob aus diesem ein gutes Freizeitpferd, ein gutes Turnierpferd – oder ein Problempferd wird. Anspannung des Menschen, eine falsche Bewegung, zu schnelles, hektisches Anreiten – all diese Kleinigkeiten können bei einem Pferd zu einem lebenslangen Problem führen, das man allenfalls durch andauernden und teuren Korrekturberitt wieder in den Griff bekommt.

Ein Trainer, der sich auf Jungpferde spezialisiert hat, hat natürlich auch mehr Erfahrung mit dem Anreiten als ein Freizeitreiter, der das erste Mal ein Jungpferd sein Eigen nennt. Der Profi weiß in brenzligen Situationen viel besser und schneller zu reagieren. Er weiß, wann er beruhigen muss und wann tadeln. Er weiß, wann er sich durchsetzen muss und wann er es lieber einfach gut sein lässt. Zumindest sollte er das wissen.

Gute Trainer = Mangelware?

Pferdetrainer ist keine geschützte Berufsbezeichnung. Somit hat nicht jeder, der sich Pferdetrainer nennt, auch die nötige Qualifikation und das nötige Fachwissen dazu. Gerade beim „alternativen" Reiten tummeln sich zahllose Scharlatane, die gegen teures Geld den Leuten das Blaue vom Himmel versprechen: Piaffe in drei Monaten, fertig für die Western Futurity in zwei Monaten oder das perfekte Zirkus-Showpferd, das auf Knopfdruck funktioniert, in gerade mal einem halben Jahr.

Auch wenn es teuer ist und man dadurch meinen könnte, dass dieser Guru es tatsächlich in so kurzer Zeit hinbekommt – lassen Sie es! Sicherlich gibt es Mittel und Wege, die oben genannten Ziele binnen kurzer Zeit zu erreichen. Aber das geht immer zu Lasten des Pferdes. Und wenn Sie einen zufriedenen,

Sitas jahrelange Erfahrung in der Jungpferdeausbildung und die fachkundige Unterstützung ihres Mannes ließen auch Starlights ersten richtigen Ausritt zu einem schönen Erlebnis werden.

vielseitigen und vor allem gesunden Allrounder haben wollen, der mit Ihnen durch dick und dünn geht, lassen Sie niemals solch einen „Wundertrainer" an Ihr Pferd heran.

Gerade in der Westernreitszene auf Turnierebene gibt es mittlerweile Trainer, die keine Pferde mehr zum Anreiten annehmen, die älter als 18 Monate sind, da es üblich geworden ist, die jungen Pferde mit nicht mal zwei Jahren fix und fertig anzureiten. Natürlich sind diese Pferde dann mit drei Jahren irgendwie in der Lage, 15 Meter zu sliden, und vielleicht gewinnen sie auch den einen oder anderen Blumentopf. Man kann sich denken, dass bei diesen Trainingsmethoden die Pferde nicht unbedingt mit Samthandschuhen angefasst werden. Und bevor sich nun Vertreter anderer Reitweisen freuen, gut weggekommen zu sein: Es gibt überehrgeizige Springtrainer, die meinen, bereits mit Dreijährigen Häuser springen zu müssen, und Barock- und Dressurtrainer, die auf Teufel komm raus eine Piaffe ins Pferd klopfen, ehe es überhaupt vorwärts-abwärts gehen kann. Wenn ein Showakteur mit einem Dreijährigen vor mir steht und stolz prahlt, dass dieses Riesenbaby schon alle Zirkuslektionen beherrsche und auch noch alle Lektionen über der Erde – dann wird mir schlecht. Und wenn ich in die Augen dieser jungen Pferde sehe, dann sehe ich darin – gar nichts mehr!

Auch ich habe lange gezögert, ob ich Starlight überhaupt zum Anreiten weggeben soll – da ich schon viel zu viel Pfusch mit jungen Pferden gesehen hatte. Ich hatte aber das Glück, direkt auf der Ranch eine gute Trainerin zu haben, die für ihre wirklich sanfte Methode beim Anreiten bekannt ist. Und da ich ihr jeden Tag beim Training mit meinem Kleinen zusehen konnte und auch jederzeit auf meine Fragen schlüssige Antworten bekam, habe ich mich dann dazu entschieden, ihr das Anreiten von Starlight zu überlassen. Zum einen, weil sie wesentlich mehr Erfahrung und Fachkompetenz auf diesem Gebiet hat – und zum anderen, weil ich aus gesundheitlichen Gründen Starlight unter dem Sattel nicht so weit hätte fördern können, wie es seinem Potenzial entspricht.

Auf der Suche nach dem Trainer

Nicht jeder hat so wie ich das Glück, eine renommierte Trainerin vor Ort zu haben, die mehrfache Europameisterin im Westernreiten ist, alle Trainerscheine der FN auf dem Sektor Western besitzt und aufgrund ihrer Vorbildfunktion im Westernsport auch noch das Goldene Westernreitabzeichen verliehen bekam. vor Ort zu haben. Wenn Sie sich auf die Suche nach einem Trainer machen, sollten Sie sich zuerst einmal überlegen, was dieser Ihrem Junior denn vermitteln soll. Auch sollten Sie sich jetzt für eine Reitweise entscheiden, in der Ihr Jungpferd seine Basisausbildung unter dem Sattel erhalten soll.

Dann lohnt sich in jedem Fall ein Anruf bei der FN oder anderen Pferdesportverbänden (EWU, IPZV und so weiter). Jeder Verband sollte in der Lage sein, Ihnen eine Liste mit Trainern zu schicken. Schildern Sie aber vorher schon im Telefonat oder per E-Mail, was Sie genau suchen. Natürlich sollten Sie keinen Roman hinschicken, sondern einfach einige Stichworte, die den gewünschten Ausbildungsschwerpunkt beinhalten. Dann wird Ihnen der entsprechende Verband sicherlich eine Liste mit Adressen zukommen lassen, im Idealfall auch noch nach Bundesländern sortiert.

Anschließend wird Ihnen nichts anderes übrig bleiben, als alle in Frage kommenden Trainer zu kontaktieren. Dies kann erst einmal per E-Mail oder Telefonat geschehen. Checken Sie auf diese Weise ab, ob das Angebot dieses Trainers sich mit dem deckt, was Sie sich vorstellen. Ein Freizeitpferd, das Sie gemütlich ins Gelände reiten wollen, zu einem Cuttingtrainer zu geben, ist ebenso Blödsinn wie einen Isländer, der tölten lernen soll, zu einem Springreiter zu schicken.

Ein seriöser Trainer wird Ihnen am Telefon alle Auskünfte geben, die Sie haben wollen. Nur eines wird Ihnen kein seriöser Trainer sagen können: wie lange das Anreiten genau dauern wird. Hier kann der Trainer zwar von bisherigen Erfahrungen berichten, aber wer wirklich Ahnung von Pferden hat, der wird Ihnen nicht versprechen „In acht Wochen können sogar Ihre Kinder mit dem im Gelände reiten!"

Wenn Sie auf diese Weise einige Trainer in die engere Wahl gezogen haben, besuchen Sie diese auf deren Anlage. Lassen Sie sich auch zeigen, wo Ihr Junior dann untergebracht werden könnte, was er zu fressen bekommt, wie

Sita Stepper, mehrfache Deutsche Meisterin und Europameisterin in der Superhorse, beweist mit ihrem Quarterhorse-Hengst Doc Smokey Dry, dass Erfolg im Sport und pferdefreundliches, abwechslungsreiches Training mit Spaß und Pfiff keine Gegensätze sind.

es mit Weidegang aussieht und so weiter und so fort. Und dann schauen Sie dem Trainer einfach einige Stunden bei seiner Arbeit zu. Ihn dabei ständig mit Fragen zu löchern sollten Sie aber lassen – denn dann kann er sich nicht auf das Pferd konzentrieren, das er gerade reitet. Wenn Sie Fragen haben, behalten Sie diese erst einmal für sich und warten

Sie, bis die Trainingseinheit beendet ist. Besuchen Sie den Trainer ruhig auch einige Male unangemeldet, ohne jedoch permanent zu nerven. Bei einem Trainer, bei dem Sie später auch Ihr eigenes Pferd nur gegen Voranmeldung sehen dürfen, sollten Sie kein Pferd in Beritt geben!

Auch um Trainer, die Ihnen gar keine definitive Zusage geben wollen, ob sie nun Ihr Pferd ins Training nehmen oder nicht, sollten Sie einen Bogen machen. Denn das sind jene Typen, die immer auf etwas Besseres hoffen und die Ihr Jungpferd nur dann annehmen, wenn ihnen nicht jemand vorher noch einen potenziellen Futurity-Gewinner auf die Anlage stellt. Auch wenn ein Trainer gleich mit dem Spruch kommt: „Sie können froh sein, dass wir überhaupt diese Rasse /so ein Freizeitpferd ins Training nehmen" und schon vor Abschluss des Trainingsvertrages auf ewige Dankbarkeit Ihrerseits spekuliert, sollten Sie sich lieber anderweitig umsehen. Mir würde nur einmal jemand sagen: „Sei doch froh, dass wir dein Pferd überhaupt reiten." Das wäre das letzte Mal, dass diese Person mein Pferd auch nur angesehen hätte! Denn egal ob potenzieller neuer Deutscher Meister oder Freizeitpony – alle werden bei diesem Trainer auch dasselbe Trainingsgeld zahlen. Dann ist es auch zu erwarten, dass jedes Pferd mit der gleichen Sorgfalt ausgebildet wird. Wenn Sie schon anfangs aufgrund seltsamer Äußerungen Bedenken haben – es gibt viele Trainer. Alleine in der EWU gibt es mittlerweile an die 1000 lizenzierte Trainer bundesweit. Sie wollen alle Geld verdienen und keiner von ihnen bekam seinen Trainingsschein geschenkt – ebenso wenig wie ihre Kollegen aus anderen Verbänden.

Die Sache mit den Trainerlizenzen

Bei einem persönlichen Besuch bei einem Trainer können Sie sich auch die Trainingslizenzen zeigen lassen. Viele schreiben sich zwar „lizenzierter Trainer" auf die Fahne, sind es aber nicht. Die einzigen Trainerlizenzen, die man bedenkenlos ernst nehmen kann, sind die der FN und der ihr angeschlossenen Verbände, zu denen auch beispielsweise die EWU, der IPZV und die IGV gehören. Auch wer die Ausbildung zum Pferdewirt Schwerpunkt Reiten oder Pferdewirtschaftsmeister mit Erfolg abgeschlossen hat, kann als Fachkraft auf dem Gebiet Pferdeausbildung angesehen werden.

Wer aber mit einer amerikanischen Trainerlizenz vor Ihnen herumwedelt, der hat einfach in den USA einen Trainer gefunden, der für ihn bürgt und knappe 100 Dollar Aufnahmegebühr in die Trainers Guild bezahlt. Das ist kein Qualitätsmerkmal! Anders verhält es sich mit jenen Trainern aus den USA und auch einigen anderen Ländern, welche „Equine Science" studiert haben und dieses Studium nachweislich mit Erfolg abgeschlossen haben. Dies ist eine Ausbildung, die in etwa unserem „Pferdewirt" und „Pferdewirtschaftsmeister" ähnelt.

Bei ausländischen Trainern ist es ohnehin schwer, ihre Qualifikation zu überprüfen. Wer allerdings jahrelang Bereiter in der Wiener Hofreitschule, im Cadre Noir in Saumur, in der Königlichen Hofreitschule Jerez oder dem Alter Real Portugals war, bei dem kann man sicher davon ausgehen, dass er den nötigen Fachverstand mitbringt. Wenn Ihnen allerdings jemand von diesen edlen Schulen und seiner Tätigkeit dort erzählt – prüfen Sie es nach! Mittlerweile

Eine solide Basisausbildung sollte Ihnen etwas wert sein – egal, ob Ihr Junior später ein internationaler Schleifensammler oder zuverlässiger Geländekumpel wird.

kann jedermann in einigen dieser alten Schulen der Reitkunst Unterricht nehmen – was ihn aber noch lange nicht zu einem Trainer macht.

Bei Trainerlizenzen, die von neumodischen Gurus ausgestellt werden, sollte man die nötige Vorsicht walten lassen. Oft werden diese Lizenzen an jeden ausgestellt, der nur genug Kurse bei dem entsprechenden Guru gebucht und damit auch genug Geld dafür gezahlt hat.

Die Checkliste: Was will ich und was darf es kosten?

Nachdem Sie nun einen Trainer ausgewählt haben, geht es ans Eingemachte. Setzen Sie sich in einer ruhigen Stunde mit dem Trainer zusammen, um genau zu besprechen, was Sie sich vom Training erhoffen und was der Trainer Ihnen bieten kann. Wer Ihnen jetzt einfach nur einen Standard-Trainingsvertrag in die Hand drückt, hat kein ernsthaftes Interesse daran, dass Ihr Junior nach Ihren Wünschen ausgebildet wird. Suchen Sie sich dann gleich einen anderen Trainer – wie gesagt: Es gibt mittlerweile in jeder Sparte des Reitsports nahezu flächendeckend wirklich gute Leute. Legen Sie zusammen mit dem Trainer genau die Ziele fest, beispielsweise:

- Schonendes Anreiten
- Basislektionen unter dem Sattel
- Schritt, Trab und Galopp sicher auf dem Reitplatz
- Geländesicherheit in allen Gangarten
- Fortbildung des Pferdes an der Longe und Doppellonge
- Anti-Schreck-Training

Definieren Sie außerdem ein klares Ziel. Das kann so aussehen: „Bei Abschluss des Trainings ist der Besitzer in der Lage, sein Pferd in den gängigen Bahnfiguren und allen Gangarten auf dem Platz zu reiten. Des Weiteren ist das Pferd in allen Gangarten alleine und in der Gruppe von seinem Besitzer im Gelände reitbar."

Und dann wird die Hauptfrage kommen: Was kostet der Spaß? Unter 500 Euro inklusive Einstellgebühr werden Sie kaum einen guten Trainer finden, der Ihren Junior fachgerecht und schonend anreitet. Allerdings wäre auch ich nicht bereit, jeden Monat mehr als 1000 Euro zu bezahlen und das am besten auch noch ohne jegliche Garantie auf Erfolg. Zwischen 600 und 700 Euro jedoch sollten Sie einen guten Trainer finden können, bei dem Ihr Junior auch pferdegerecht untergebracht und anständig gefüttert und gepflegt wird.

Trainingsvertrag: Das muss rein!

In Deutschland herrscht Vertragsfreiheit. Insofern eine Vertragsklausel nicht gesetzeswidrig ist oder gegen die guten Sitten verstößt, kann man auch in einem Trainingsvertrag so gut wie alles schriftlich festhalten. Die Frage ist nun nur: Was macht wirklich Sinn?

In einen Trainingsvertrag sollten unbedingt folgende Punkte aufgeführt werden:

- Vollständiger Name und Adresse von Trainer, Besitzer und Stallbetreiber
- Name des Pferdes mit Lebensnummer oder Equidenpassnummer
- Art der Unterbringung des Pferdes inklusive genauer Beschreibung der einzelnen Dienstleistungen: Wenn Sie täglichen Weidegang wünschen, schreiben Sie es in den Vertrag! Erfolgt die Leistung dann nicht, können Sie umgehend vom Vertrag wegen Nichterfüllung zurücktreten oder das Geld kürzen!
- Anzahl der wöchentlichen Trainingseinheiten
- Minimale und maximale Dauer jeder Trainingseinheit
- Name der Person, die das Pferd reitet – sonst stellen Profitrainer es einfach fünf Tage in die Führanlage und am sechsten Tag hockt eine Praktikantin drauf, und dafür zahlen Sie am Ende noch über 1000 Euro!
- Benennung der Reitweise, in der das Pferd trainiert werden soll (western, Freizeit, Gelände, klassisch ...)
- Benennung der Trainingsschwerpunkte (Anreiten, sicheres Geländepferd, Turnierpferd in Sparte XY, Einfahren des Pferdes, Zirkustricks und so weiter)

- Sie wünschen eine gebisslose Ausbildung des Pferdes? Dann unbedingt hineinschreiben!
- Wer haftet, wenn am Pferd ein Schaden entsteht, und in welchem Umfang?
- Wer haftet, wenn das Pferd einen Schaden anrichtet? Dafür müssen Sie eine Pferdehaftpflichtversicherung abschließen, die auch das Risiko „Fremdreiter" beinhaltet. Sonst steht Ihr Trainer im Fall der Fälle ganz schön übel da, wenn Ihr Junior ihn abwirft, er monatelang nicht reiten kann und Gewinnausfall hat. Klären Sie diese Punkte unbedingt vorher mit Ihrer Versicherung ab.
- Wo ist der Gerichtsstand? Vereinbaren Sie immer Deutschland als Gerichtsstand, dann gilt deutsches Recht und im Fall der Fälle haben Sie es dann leichter, Ihre Forderungen durchzusetzen.
- Wie lange dauert das Training insgesamt?
- Was kostet welche Leistung genau? (Damit der Trainer nicht während des Trainings auf einmal den Preis erhöht.)
- Schreiben Sie in den Vertrag, dass Sie jederzeit den Trainingsvertrag auflösen können, wenn der Trainer von den Vereinbarungen abweicht, das Pferd misshandelt oder überhaupt nicht reitet. Zwar halten Sie beim Stall eine Kündigungsfrist von vier Wochen ein, wie es sich gehört – aber Sie zahlen dann auch nur noch die Einstellgebühr.
- Sie können Ihr Pferd jederzeit unangemeldet besuchen und jederzeit dem Training beiwohnen (wobei Sie den Trainer dann nicht während des Trainings mit Fragen löchern, sondern erst danach).
- Der Trainer informiert Sie stets umgehend bei eventuellen Erkrankungen oder Verletzungen des Pferdes und leitet alle notwendigen Schritte ein (Tierarzt Ihrer Wahl, Erstversorgung und so weiter).
- Der Trainer gibt Ihnen auf Anfrage mindestens einmal wöchentlich Auskunft über den aktuellen Trainingsstand des Pferdes.
- Wenn der Trainer Ihr Jungpferd für ein Turnier anmelden will, muss er mit Ihnen vorher Rücksprache halten.
- Wenn Sie wünschen, dass Ihr Pferd auf Turnieren vorgestellt wird, muss das in den Trainingsvertrag aufgenommen werden – mit einer Aufzählung der gewünschten Turniere und der Entlohnung des Trainers (üblich ist eine prozentuale Beteiligung an den Preisgeldern sowie eine „Showpauschale" für das komplette Turnier).
- Wie und zu welchem Zeitpunkt wird das Trainingsgeld entrichtet? (Bankeinzug, Überweisung, bar, Scheck, an welchem Tag des Monats ...)

Unterschreiben Sie den Vertrag in doppelter Ausführung. Eine davon erhält der Trainer, eine bewahren Sie sorgfältig auf.

Basisausbildung oder gezieltes Training für Turniere –
das Ziel der Ausbildung gehört auf jeden Fall in den Trainingsvertrag hinein.

Jetzt geht's los!

Sie haben nun also einen Trainer Ihres Vertrauens gefunden, und das Finanzielle kriegen Sie auch irgendwie hin. Dennoch kommt jetzt dieses flaue Gefühl im Magen hoch, und es beschleicht Sie das dumpfe Gefühl, dass Ihr kleiner Sausewind Ihnen in den nächsten Monaten sehr fehlen wird. Nicht alle haben das Glück, im heimischen Stall eine Trainerin zu finden und jeden Tag zusehen zu können, wie aus einem kleinen Flegel ein gutes Reitpferd wird.

Und so wird der Tag kommen, an dem Sie Ihren Junior in den Anhänger laden und zum Trainer fahren. Ihr Junior wird natürlich sehr aufgeregt sein – neue Pferde, neue Menschen, ein neuer Stall. Es wird ihm anfangs sicher auch wieder schwer fallen sich einzuleben. Wenn Sie die Möglichkeit haben, nehmen Sie sich vielleicht zwei Wochen Urlaub und begleiten Ihr Jungpferd. Sie sind jetzt nämlich das einzig vertraute Lebewesen, das ihm geblieben ist. In diesen zwei Wochen sollten Sie dann aber nicht den Fehler machen, jeden Tag stundenlang Ihren Junior zu betütteln. Versuchen Sie eher, jeden Tag etwas weniger Zeit mit ihm zu verbringen und ihn immer mehr in sein neues Leben zu integrieren. Mit etwas Glück findet sich unter den anderen Pferden wieder ein liebes Kumpelpferd, und es gibt auch Raufkumpane für die Weide. In diesen zwei Wochen der Übergangsphase können Sie dem Trainer dann auch all das zeigen, was Sie mit Ihrem Jungpferd schon erarbeitet haben. So fällt es dem Trainer viel leichter, einen wirklich effektiven Trainingsplan mit Ihnen zusammen zu erstellen. Dann wird der Trainer beginnen, mit dem Jungpferd zu arbeiten. Sie machen immer weniger, er immer mehr.

Irgendwann werden Sie dann wieder nach Hause müssen und Ihren Junior völlig der Obhut des Trainers übergeben. Sicherlich wird Ihnen Ihr neues Familienmitglied auch fehlen. Aber es ist ja nicht für immer. Irgendwann ist jede Lehrzeit vorbei, Sie werden wieder zum Trainer fahren, um zusammen mit Ihrem Junior zu lernen. Vielleicht schießen Ihnen die Tränen in die Augen, wenn Ihr Junior Sie das erste Mal im Schritt über den Reitplatz trägt. Mir ging es jedenfalls so. Starlight hat in der kurzen Zeit, in der er zu meiner Familie gehört, schon eine ganze Menge gelernt. Viele Dinge konnte ich ihm selbst vermitteln, bei anderen war ich über die professionelle Hilfe sehr froh. Wir haben bereits im ersten Jahr mit unserem „Männele" mehr erreicht, als wir je zu träumen gewagt hatten. Und auch wenn der „kleine Mann" uns alle mitunter immer noch an den Rand des Wahnsinns treibt mit seinem recht kreativen Blödsinn – ich bereue keinen Tag mit ihm.

Anhang

Tipps zum Weiterlesen

Richtlinien für Reiten und Fahren Band 1:
Grundausbildung für Reiter und Pferd.
28. Aufl. Warendorf: FN-Verlag, 2005.

Richtlinien für Reiten und Fahren Band 6:
Longieren.
7. Aufl. Warendorf: FN Verlag, 1999.

Renate Ettl:
Die Fohlenschule.
Brunsbek: Cadmos, 2000

Marlit Hoffmann:
Was tun mit jungen Pferden?
Stuttgart: Müller Rüschlikon, 2002.

Weitere Bücher der Autorin

Reiten ohne Sattel und Zaumzeug.
Über Trauen und Vertrauen.
Brunsbek: Cadmos, 2006.

Vom Round Pen zur Freiheitsdressur.
Bodenarbeit mal anders.
Brunsbek: Cadmos, 2007.

Harmonie – Pferd und Mensch.
Stuttgart: Müller Rüschlikon, 2004.

Kontakt zur Autorin

Shadow Show Team
Karin Tillisch/Ingo Ehrmeier
Auf der Golz 4
77887 Sasbachwalden
Tel./Fax: 07841 280519
www.shadow-show-team.com

Das Ausbildungs- und Kurssystem von Karin und Ingo finden Sie unter:
www.pegasus-system.com

Starlights persönliche Homepage finden Sie unter:
www.blues-starlight.com

Und wenn's mal nicht so klappt wie im Lehrbuch: Nehmen Sie das Ganze nicht so tierisch ernst! Ein Pferdeleben kann über 30 Jahre dauern – wäre ja traurig und fatal, wenn Sie jetzt, da Sie mit Ihrem Junior noch gute 25 Jahre vor sich haben, schon den Spaß an der Sache verlieren, oder?

Vielen Dank!

… an meine Eltern für die umfassende Unterstützung ihrer beiden „Enkelpferde" und des Shadow Show Teams! (www.wanderheim-ochsenstall.de)

… an Ingo Ehrmeier, meinen Ehemann, den stillen Motor des Shadow Show Teams!

… an Sita und Gabor Stepper, die aus unserem „kleinen Mann" einen ganz Großen gemacht haben. (www.gs-stepper.de)

… an die Mocha Oak Ranch, insbesondere an Eva Hesselschwerdt, die meinen beiden Pferden ein wundervolles Zuhause bietet. (www.mor-ranch.de)

… an Dieter Hämmerle und Katja Schäfer von der Red Rock Ranch, die mir vor vielen Jahren Shadow und jetzt auch Starlight anvertrauten und mir bis heute mit Rat und Tat zur Seite stehen. (www.redrockranch.de)

… an Christiane Slawik, die auch für dieses Buch wieder mit viel Geduld und Ideenreichtum wundervolle Bilder erstellt hat. (www.slawik.com)

… an Starlight, der mir zeigte, dass gerade wir „Kleinen" ganz Große sein können!

… an Shadow – ohne ihn wäre ich heute nicht da, wo ich bin!